汾河水库综合自动化系统理论与实践

卫学文 李重民 李 蕊 主编

黄河水利出版社

·郑州·

内 容 提 要

水库信息化是一个跨学科、跨专业的新型研究课题,本书以水库工程为平台,以自动控制理论为基础,基于水利、信息、控制、计算机及自动化专业领域的基础知识和应用,实现目标是利用先进实用的计算机网络技术、水情自动测报技术、自动化监控监测技术、视频监视技术、大坝安全监测技术,实现对水库工程的实时监控、监视和监测、管理,基本达到"无人值班、少人值守"的管理水平。

本书可供从事水库管理的技术人员,特别是防汛、抗旱、水文、水资源、供水工程、环境保护等有关的技术人员,以及有关院校的研究人员、博士生及硕士研究生阅读和参考。

图书在版编目(CIP)数据

汾河水库综合自动化系统理论与实践/卫学文,李重民,李蕊主编. —郑州:黄河水利出版社,2021.12
ISBN 978-7-5509-3180-0

Ⅰ.①汾… Ⅱ.①卫…②李…③李… Ⅲ.①水库-综合自动化系统-研究-山西 Ⅳ.①TV632.25

中国版本图书馆 CIP 数据核字(2021)第 256767 号

组稿编辑:王志宽 电话:0371-66024331 E-mail:wangzhikuan83@126.com

出 版 社:黄河水利出版社 网址:www.yrcp.com
   地址:河南省郑州市顺河路黄委会综合楼 14 层 邮政编码:450003
发行单位:黄河水利出版社
   发行部电话:0371-66026940、66020550、66028024、66022620(传真)
   E-mail:hhslcbs@126.com
承印单位:广东虎彩云印刷有限公司
开本:787 mm×1 092 mm 1/16
印张:10
字数:231 千字 印数:1—1 000
版次:2021 年 12 月第 1 版 印次:2021 年 12 月第 1 次印刷

定价:65.00 元

前　言

　　水库信息化是一个跨学科、跨专业的新型研究课题,主要涉及水利、信息、控制、计算机及自动化专业领域的基础知识和应用。实现目标是利用先进实用的计算机网络技术、水情自动测报技术、自动化监控监测技术、视频监视技术、大坝安全监测技术,实现对水库工程的实时监控、监视和监测、管理,基本达到"无人值班、少人值守"的管理水平。

　　汾河水库位于山西省最大的河流——汾河干流上游娄烦县境内,该水库是 1958 年经山西省委、省政府决策,在汾河干流上修建的一座全省最大的水库,是目前就地取材建成的世界上最高的人工水中填土坝,汾河水库的建设也是山西人民水库建设史上的辉煌壮举。水库在建设过程中的 1960 年即开始为下游汾河灌区供水,并由汾河灌区为农业和太原钢铁集团有限公司、太原第一电力集团有限公司供水。在 20 世纪 90 年代后,又开始为西山矿务局的古交和太钢尖山铁矿直接供水。据不完全统计,累计为农业与生态供水达 145.70 亿 m^3,年平均生态供水量 2.68 亿 m^3;累计为下游太原市的城市生态供水及太原第一电力集团有限公司、太原钢铁集团有限公司、古交市等工矿企业和城市工业供水量达 13.84 亿 m^3;从 2003 年起,担负万家寨引黄工程南干供水调节,累计为太原市生活饮用供水达 14.73 亿 m^3。汾河水库安全运行 60 多年,正常拦蓄超 1 000 m^3/s 的大洪水 12 次,超 500 m^3/s 的大洪水 32 次,确保了下游国民经济的正常发展和人民生命财产安全,已经成为太原人民国民经济发展的重要安全屏障。

　　汾河水库作为山西省最大的水库,2003 年 11 月,万家寨引黄入晋工程正式建成并向省城太原市供水后,该水库又成为山西省最大的饮用水水源地,水库在保障太原市的经济、社会和生态的可持续发展与社会稳定方面起着至关重要的作用。汾河水库的安全运行,事关山西国民经济建设和社会发展的大局,为了实现对库区大坝运行的实时安全监测,最大限度地发挥水库的综合效益,对汾河水库大坝进行综合自动化的开发与建设非常必要,也非常重要。

　　本书以汾河水库工程为平台,以自动控制理论为基础,以信息、计算机等多学科技术为手段,重点介绍了水库信息化方面的多学科专业知识,以山西省汾河水库土石坝综合自动化系统开发研究为重点,共包括汾河水库综合自动化系统的总体构想、流域水情自动测报系统、大坝自动化安全监测系统、汾河水库综合自动化系统的网络构架、水库库区视频监测系统及信息中心管理系统等。

　　本书中部分引用了我国水利工程有关的勘测、设计、自动化系统开发、相关科研单位及高等院校的科研设计成果,作者在此一并致谢! 还要感谢关心和支持本书出版的黄河水利出版社、太原理工大学水利学院及山西省水利厅若干从事水利工程技术开发和科学研究的朋友们! 全书由山西水投防护技术有限公司卫学文教授级高级工程师、山西张峰水库水务有限公司李重民高级工程师、山西水投防护技术有限公司李蕊担任主编,其中卫学文承担了第二章 1 万字的编写工作;李重民承担了第一章、第三章等 10.6 万字的编写工作;李蕊承担了其余章节 10.5 万字的编写工作;参编人员还有王鸿飞、潘杰、曹金康、武杰、宋强、贾昊平、郭成意、牛玮、张尚琪。全书的图表由太原理工大学水利学院任国鑫等研究生制作并承担相关的校核工作,全书由太原理工大学水利学院吴建华教授统稿并校核。

　　本书的研究成果如能在我国水利工程推广节能技术的今天,成为一块铺路之石,这将是我们最大的愿望。由于水库工程集水工、水文、供水、施工、地质及管理为一体,涉及水利水电、水力机械、电气设备、水利施工、土木建筑、计算机控制及信息工程等多个学科,信息采集和管理的范围相当广泛,受作者知识的局限性,书中定有错误和遗漏之处,欢迎读者批评指正。

编　者

2021 年 10 月

目 录

第一章 水库信息化概述

第一节 水利信息化

水利是国民经济的基础产业,新中国成立以来,经过半个多世纪的建设与发展,水利工程建设取得了巨大成就,尤其是担负调峰、调频、防洪、灌溉、航运及工业和居民用水等特殊功能和任务的水库工程建设,为中国的现代化建设提供了强大的安全防汛和水资源利用保证。但是,水资源紧缺、水土流失严重、洪旱灾害及水污染等四大问题还远没有解决,每年带来的损失也越来越巨大,水资源与国民经济和社会发展不相适应的矛盾越来越突出,已经严重影响全面建设小康社会目标的实现!努力探索和实践适应社会主义经济发展的现代水利是水利工作者义不容辞的责任。面对严峻形势,应用现代科学理论和高新技术,对水利工程实行科学管理,确保对水资源的合理开发、高效利用、优化配置、全面节约、有效保护和综合治理,用水利信息化来带动水利现代化已经成为中国 21 世纪水利事业发展的必然。

水利行业是一个信息密集型行业,古今中外均十分重视水信息的收集、整编和利用。我国早在公元前 20 世纪和公元前 16 世纪,就分别开始有洪水和干旱信息的记载或流传。在科学技术迅猛发展的今天,信息化更是水利现代化的重要内容。一方面,水利部门要向国家和相关行业提供大量的水利信息,包括汛情旱情信息、水量水质信息、水环境信息和水工程信息等,为防洪抗旱斗争和水资源综合管理服务,为国民经济发展服务。另一方面,水利建设本身也离不开相关行业的信息支持,包括流域区域经济信息、生态环境信息、气候气象信息、地球物理信息、地质灾害信息等。长期的水利实践证明,完全依靠工程措施,不可能有效解决当前复杂的水问题。广泛应用现代信息技术,充分开发水利信息资源,拓展水利信息化的深度和广度,工程与非工程措施并重是实现水利现代化的必然选择。以水利信息化带动水利现代化,以水利现代化促进水利信息化,增加水利的科技含量、降低水利的资源消耗、提高水利的整体效益是 21 世纪水发展的必由之路。因此,加速水利信息化建设,既是国民经济信息化建设的重要组成部分,同时也是水利事业自身发展的迫切需要。

水利信息化是水利现代化的基本标志和重要内容。水利信息化,具体来讲就是充分利用现代信息技术,开发和利用水利信息资源,包括对水利信息进行采集、传输、存储、处理和利用,提高水利信息资源的应用水平和共享程度,从而全面提高水利建设和水事处理的效率与效能。水利信息化的建设任务可分为三个层次,即国家水利基础信息系统工程、基础数据库和水利综合管理信息系统。水利信息化是从传统水利向现代水利转变的物质实现,是实现水资源优化配置和统一管理的需要,是国家基础国情信息之一。

一、中国水利信息化开发研究的现状

我国水利信息化工作"七五"期间起步,"九五"期间启动金水工程,取得了可喜的成绩,但数字化、网络化技术应用不够,开发应用水平较差,低水平重复开发和重复建设问题仍很突出,条块分割现象依然存在。

(1)信息技术应用现状。目前,信息技术在某些业务信息采集、传输、存储、处理、分析和服务的部分环节中已发挥了显著作用。但从总体上看,业务处理仅实现了部分数字化,相关技术规范不完善,硬件实施的研发与可靠性的提高方面有待进一步完善,信息共享机制不健全,有限的数据资源总体质量不高,使用效率较低,地区发展极不平衡。

(2)信息采集开发研究现状。全国水利系统已有60%雨量监测数据和近70%的水位监测数据采集实现了数字化长期自动记录,流量和其他要素的自动测验方面也在进行积极探索。部分重点防汛地区建成了水文信息自动采集系统,工情、旱情、灾情、水资源、用水节水、水质、水土保持、工程建设管理、农村水利水电、水利移民、规划设计和行政资源等信息采集也具有一定的手段。航空航天遥感、全球定位等技术在部分业务中得到应用。

(3)计算机网络开发研究现状。目前从水利部到各流域机构和各省(自治区、直辖市)水文部门之间,初步形成了基于中国分组交换网的全国实时水情计算机广域网,能进行实时水情信息传输;部分地区建成了宽带计算机广域网,全国部分省级以上水利行政主管部门建立了信息发布网站,并连入因特网,开始向社会提供部分水利信息。

(4)水资源信息监测传感器的研究现状。在水情监测传感器开发研究方面,早期的分立式电子元件组成的系统或稍后由单板机构成的系统,是这类遥测设备的原始产品。其后发展成由单片机芯片和大规模集成元件组成的板块结构的测报系统,使系统的功能和可靠性大大提高。为了适应多目标、多用途的需要,有的部门开发单片微机总线结构的测报设备。目前,我国水情自动测报的测控设备生产已有了比较雄厚的技术基础,形成了一套较完整能满足需要的国产设备,也具有打入国际市场的能力,但是在量测传感器的适应性、监测数据传输设备的功能和可靠性等方面的技术上还存在较大的薄弱环节,一定程度上影响和限制了全系统设备的整体功能和水情自动测报系统效益的发挥。

(5)水情参数测报方法的研究现状。除常规的布置地面遥测点收集水情信息外,很多国家将雷达测雨技术纳入整个水情测报系统,它能有效地用于大面积测雨,其实时性强,覆盖面大。由雷达测雨系统输出数据经计算机处理,可在地域上和时间上测量降雨的时空分布,并具有一定的数据精度,它与地面遥测雨量数据配合应用,能收到更好效果。我国气象和航空部门也已采用雷达测雨技术,预计在不远的将来,该技术得以推广和应用。

(6)水资源信息数据通信方式的研究现状。早期采用较低无线电频段(30~100 MHz)的模拟信号通信方式,其后逐步改用较高频段(100~400 MHz)数据通信方式,它们属于VHF/UHF超短波段范围。它具有一定的绕射能力和抗干扰能力,比较适用于较远距离的山区水情数据传送,对于非近距离的障碍物不会形成严重的通信阻隔。对于阻隔较严重的多山地区,它仍能选择适当的中继站来实现较远距离的山区通信,所以大多数情况下的水情数据传输均可采用超短波通信方式来实现。但当测报范围扩大和测报地区地形极端复杂时,超短波水情数据通信受到局限。最理想的偏远地区及大范围多路数据通信方式当属卫星通信方式。

二、当前水利信息化存在的问题

当前水利信息化存在的问题主要表现在以下几个方面:

(1)信息资源不足。表现为时效较差、种类不全、内容不丰富、基准不同、时空搭配不合理等,特别是信息的数字化和规范化程度过低,加重了信息资源开发利用的难度。我国在水情站网的布设和报汛手段方面经历了不断完善的过程。

(2)信息共享困难。表现在:服务目标单一,导致条块分割;标准规范不统一,形成数字鸿沟;共享机制缺乏,产生信息壁垒;基础设施不足,阻碍信息交流。

(3)应用基础薄弱。信息开发与应用的基础是信息的共享与水利业务处理的数字化。除因信息资源限制导致的应用水平低外,对信息技术在水利业务应用的研究不充分,大多数水利业务数学模型还难以对实际状况做出科学的模拟。各级水利业务部门低水平重复开发的应用软件功能单一、系统性差、标准化程度低,信息资源开发利用层次较低、成本高、维护困难,不能形成全局性高效、高水平、易维护的应用软件资源。

三、中国水利信息化建设的发展趋势

水利信息化的发展趋势主要表现在以下几个方面:

(1)信息多元化。随着遥感、卫星及雷达等技术和地理信息系统(GIS)的应用,提供了多元化的更丰富和更准确的信息,如防汛抗旱信息、供水流量信息,卫星和雷达信息的引进,不仅弥补了地面观测信息的不足,而且提高了信息的准确度和可靠性。又如地理信息系统(GIS)的应用,推进了"水利数字化"的实现,从而使流域的规划、开发、管理全面实现信息数字化。

(2)信息传输快和资料共享。先进的通信技术及计算机网络技术的高速发展,使得信息传输数字化、网络化,大大地提高了信息传输的时效性,提高了信息的利用率。如在国家防汛指挥系统建设中,这些技术的应用将使得在 30 min 内收集齐全国的水雨情信息目标成为现实,比现在的 2~3 h 缩短 3/4~5/6,将为全国的防汛决策提高及时可靠的信息。此外,互联互通的计算机网络,将大大提高资料的共享程度,提高资料的利用率。

(3)信息处理快速、可视。计算机性能的不断提高及多媒体技术的应用,使得信息处理速度快、可视化程度高、表现直观,增强了决策支持的能力。

(4)信息安全保障。应用各种先进的加密技术,确保信息的保密与安全。

四、水利信息化建设的发展思路

水利信息化建设的发展思路是:

(1)水利信息化是国家的国民经济信息化体系的组成部分,为国民经济和社会发展提供全方位的水利信息服务。

(2)以需求为导向,实行长远目标与近期目标相结合,统筹规划,分期实施,急用先建,逐步推进。近期要以防治洪涝干旱灾害和水资源综合管理的信息支持为重点,同时开展为水资源优化配置和生态环境建设提供信息服务,最终形成完整的水利信息化体系。

(3)在全面规划、统一标准的前提下,遵循"谁受益,谁建设"的原则,充分发挥中央和地方两个积极性,共同建设全国水利信息系统。

(4)在水利信息系统的规划和建设中,要按照"先进实用,高效可靠"的原则,尽可能采用现代信息技术的最新成果,使其具有较好的先进性和较长的生命周期,保证系统的开放性和兼容性,为系统技术更新、功能升级留有余地。

(5)充分利用国家的信息公共基础设施和相关行业的信息资源,实行优势互补、资源共享。在充分依托国家公用骨干网,建设水利行业特殊需要的骨干网的同时,形成全国水利信息网络,为水利行业各业务应用系统提供信道资源,避免重复建设。

(6)加大在应用系统上的投入和开发力度。在注意引进先进软件的同时,更要集中多学科联合攻关,开发适合我国国情的高水平应用软件,努力避免系统开发中的低水平重复的现象。

(7)努力提高信息化工作的管理水平,重视信息技术和管理人才的培养,积极探索信息系统的管理体制和运营机制。

(8)按照国家的有关规定,切实加强信息系统的安全建设,确保系统及信息的安全。

五、我国水利信息化的建设任务

我国水利信息化的建设任务可分为三个层次:

(1)国家水利基础信息系统工程的建设,包括国家防汛指挥系统工程、国家水质监测评价信息系统工程、全国水土保持监测与管理信息系统、国家水资源管理决策支持系统等。这些基础信息系统工程都包括分布在全国的信息采集、信息传输、信息处理和决策支持等分系统建设。其中,已经开始实施的国家防汛指挥系统工程,除了近1/3的投资用于防汛抗旱基础信息的采集外,作为水利信息化的龙头工程,还将投入大量的资金建设覆盖全国的水利通信和计算机网络系统,为各基础信息系统工程的资料传输提供具有一定带宽的信息"高速公路"。

(2)基础数据库建设。数据库的建设是信息化的基础工作,水利专业数据库是国家重要的基础性公共信息资源的一部分。水利基础数据库的建设包括国家防汛指挥系统综合数据库、实时水雨情库、工程数据库、社会经济数据库、工程图形库、动态影像库、历史大洪水数据库、方法库、超文本库和历史热带气旋等、国家水文数据库、全国水资源数据库、水质数据库、水土保持数据库、水工程数据库、水利经济数据库、水利科技信息库、法规数据库、水利文献专题数据库和水利人才数据库等。

(3)水利综合管理信息系统建设,主要包括:①水利工程建设与管理信息系统;②水利政务信息系统;③办公自动化系统;④政府上网工程和水利信息公众服务系统建设;⑤水利勘测规划设计信息管理系统;⑥水利经济信息服务系统;⑦水利人才管理信息系统;⑧文献信息系统。

上述数据库及应用系统的建设,将大大地提高水利部的业务和管理水平。信息化的建设任务除上述三个方面外,还要重视以下三方面的工作:

(1)切实做好水利信息化发展规划和近期计划,既要满足水利整体发展规划的要求,又要充分考虑信息化工作的发展需要,既要考虑长远规划,又要照顾近期计划。

(2)重视人才培养,建立水利信息化教育培训体系,培养和造就一批水利信息化技术和管理人才。

(3)建立健全信息化管理体制,完善信息化有关法规、技术标准规范和安全体系框架。

水利信息化建设是一项重要的公益性事业,政府投入是资金的主要来源。随着国家和社会对水利信息化的重视程度的提高,中国水利信息化建设投资总规模逐年提高。水利信息化建设的突飞猛进,与国家提出进行"金水"工程建设有很大的关系。

随着水利信息化建设的逐渐成熟,未来的水利信息化市场也会出现逐渐"软化"的现象,即软件与信息服务市场发展迅速,成为促进水利信息化市场持续快速增长的新动力。水利行业的网络建设将逐步放慢;与之相对的是,水利行业的十大应用系统建设成为信息化重点,其中的建设重点仍是防汛抗旱指挥系统。同时,信息服务投资激增,市场份额将显著扩大。

第二节　水库信息化及建设目标

水库综合自动化是水利信息化的重要组成部分。由水情自动测报系统、闸门监控系统、大坝安全监测系统、视频监视系统以及水库信息中心管理系统组成。其中水情测报系统、大坝安全监测系统、闸门控制系统以及视频监视系统均为相对独立的子系统,各个子系统之间相互独立运行。

水库信息中心管理系统位于各个子系统之上并成为连接各个子系统的纽带。水库信息中心管理系统提供了各个子系统运行所需要的网络平台、主服务器等硬件平台。除此之外,信息中心管理系统的综合数据库系统通过与各个子系统的数据接口,可以将各个子系统的数据集中展示在使用者面前,从而将各个子系统集成到一起。

信息中心管理系统可通过会议设备与大屏幕显示设备,将各个子系统以及综合数据库系统的数据、画面等成果灵活展示,协助水库管理人员进行防汛会商以及水库调度工作。自动化系统的建设必将为水库安全运行及提高自动化管理水平发挥重要作用。

"水利信息化是水利现代化的基础和重要标志",同样,也可以说,水库信息化是水库现代化的基础和重要标志。

水库是十分重要的水利工程,水库综合自动化是水利信息化的重要组成部分。汾河水库是山西省最大的水库,也是万家寨引黄工程南干输水工程的重要组成部分,担负着向省会太原供水和汾河中下游防洪、供水和汾河灌区的灌溉等任务,地理位置和作用十分重要,随着经济的发展和水资源的日益紧缺,汾河水库的重要性将更为突出。因此,建立起与汾河水库地位相适应、能有效地促进水库可持续发展的水库信息化体系是非常必要的。

水库综合自动化是一个跨学科、跨专业的新型研究课题,主要涉及水利、信息、控制、计算机及自动化专业领域的基础知识和应用。实现目标是利用先进实用的计算机网络技术、水情自动测报技术、自动化监控监测技术、视频监视技术、大坝安全监测技术,实现对水库工程的实时监控、监视和监测、管理,基本达到"无人值班、少人值守"的管理水平。

系统通常划分为水情自动测报系统、闸门监控、视频监视、大坝安全监测等子系统,以水库管理处为中心,若干子系统组成局域网系统,各子系统既能相互独立运行,又能相互通信,交换信息联合运行。

水库信息化开发建设的目标是:

(1)水库信息化建设是提高防汛抗旱能力、提高水库工程和行政管理水平的需要。

水库信息化的实施,将大大提高水库在工情、流域水雨情、旱情和灾情信息采集的准确性及传输的时效性,对其发展趋势做出及时、准确的预测和预报,制订正确及时的水库调度方案,通过科学调度,可使水库多蓄水、多供水,从而提高了水库防汛抗旱的能力。通过信息化建设,可提高水库工程管理的信息化水平,实现工程观测控制、供水计量和水质监测的自动化,提高水库行政管理的效率,为水库管理部门的管理和决策提供科学依据,充分发挥水库工程设施的效能。

(2)水库信息化建设是实现水库工作历史性转变的需要。

在新的历史时期,水利工作要从过去重点对水资源的开发、利用和治理,转变为在水资源开发、利用和治理的同时,更为注重对水资源的配置、节约和保护;要从过去重视水利工程建设,转变为在重视水利工程建设的同时,更为注重非水利工程措施的建设。水库作为一种重要的水利工程,在这历史性的转变过程中起着重要的作用,即从水库防洪到水库洪水管理的转变中,信息化是一个必不可少的技术手段。

(3)水库信息化建设是实现上述转变的重要技术基础和前提。

(4)水库信息化建设是实现资源共享,提高水库管理效能的需要。

过去的水库信息化工程,都是单独建设,很少能从全局的角度出发实现信息共享,造成各项目之间的信息相互隔绝。今后信息化系统建成后,要通过网络和综合数据库消除信息孤岛,减少数据冗余,提高信息的可靠性和利用效率性。信息的共享和快速传递不仅为上级部门正确决策提供了保证,同时也提高了水库管理的工作效率。

第三节　汾河水库信息化建设的历史沿革、现状及存在问题

一、汾河水库综合自动化建设的历史沿革

20世纪60~70年代,受当时信息化技术发展的局限,对水库工程管理运用所需要的各种数据,均采用手工的方式获得,对外的通信是手摇电话,防汛通信是在汛期租用电信部门的人员和电台。从1990年以后,水库开始建设自己的信息化工程,先后建成了防洪自动测报系统、工程管理信息系统和大坝测压管水位自动监测系统、大坝安全监测系统等十多项技术手段先进、自动化程度高、国内领先的自动化信息系统。其中,2009年开工建设的汾河水库大坝安全监测系统,项目总投资500万元,2010年5月投入运行后,提高了大坝工程安全监测的时效性、可靠性和自动化控制水平。装机13 000 kW的水电站是太原地区唯一一座水力发电的电站,2006年8月进行水电站自动化系统改造,2007年6月正式投入运行,该设备是目前山西省小水电领域最为先进的设备之一。完善了《汾河水库工程管理标准》,大坝观测50年如一日,技术资料完整,分析及时全面,为指导水库运

用起到了先行和耳目作用。防洪预案、抢险预案相继出台,为防汛决策提供可靠依据,洪水调度更趋合理,20 年来保障了水库的工程安全和度汛安全。

汾河水库的信息化工作虽然起步较早,但基础比较薄弱,各个信息化工程之间相互独立,远没有形成系统性、网络化的信息化系统,各系统之间的信息不能共享。大部分系统经过多年运行,出现设备老化和功能失效问题,由于资金和技术等方面的原因,部分系统未能得到及时的更新改造。

二、汾河水库信息化应用系统现状

(一)水雨情测报系统

汾河水库水雨情测报系统于 1986 年 6 月开始,由山西省汾河水库管理局与北京市水利中心调度处联合研制和建设,1987 年 6 月初全部竣工并正式投入运行。按雨量站和报汛站划分为 10 个单元,分别进行产流、汇流计算,预报入库洪水过程,进行水库调洪演算,给出最高水位。洪水预见期为 17 h,为防汛抢险赢得了时间。系统设调度中心 1 处,水文遥测站 4 处(宁化、静乐、上静游、坝上),雨量遥测站 6 处(圪廖、东赛、西马坊、康家会、岚县、大夫庄),高山中继站 1 处(青茶岩)。除中心调度站外,其余 11 处均为无人值守,其中 6 个遥测站通过高山中继站中继,直接进入中心站。最远遥测站至中心站 85 km。土建有:1 座 3 层水调中心楼(643.16 m²),高山中继站房 2 间,宁化水文站房 1 间,机房 1 间,铁塔共 11 座(50 m 1 座、18 m 4 座、15 m 2 座、12 m 3 座)。

其功能与技术特征如下:遥测点站可任意扩充;遥测仪采集数据为 5 项(水位、雨量、流量、闸门开启度、闸门孔数);中心与遥测站既可通话又可传数;电台使用频率:154.250~154.925 MHz 共 5 个;数据传输数率:50 波特;中心站前置机:召测、巡测、选呼电话、控制中继或遥测站;遥测站前置机:采集传感器数据、选呼中心的电话,由单板机、液晶屏幕显示,通过电台传给中心站数据;数传纠错:反馈重发,垂直水平奇偶校验;通话方式:同频单功;中心前置机可与各遥测站互换使用;遥测仪体积小(10 cm×30 cm×46 cm)、质量轻(5 kg)、耗电少(0.5 W);中心主机:存储数据入库,对历史资料数据的查找,对遥测到的数据合理性检查更正。实现水文预报模型并做出预报,打印各种表格,显示流域图等。

汾河水库自动测报系统的设备有:

(1)中新站:主机型号 IIB 米-5550。15 英寸显示器,分辨率 1 024×768 个点,24 针图形及汉字打印机;3 个软盘驱动器,每个 720 KB;操作系统为 DOC,汇编与编译语言均为 Basic。前置机与主机通过 RS-232 接口的 2400 BT/S 通信。单板机型号为 C 米 OS 的 KS-85,附属电台型号为 C-120。

(2)中继站:C 米 OS 单板机 KC-85,电台 C-120。

(3)遥测站:C 米 OS 单板机 KC-85,电台 TR-2500。

(4)遥测雨量计:DYl090 型(南京水利水文自动化研究所产)。

(5)遥测水位计:浮子式码盘水位计(徐州电子研究所产)。

上述汾河水库防洪自动测报系统,在当时的历史条件下是山西省水利部门第一项运用计算机技术和无线电通信、数据传输、水文测报相结合,进行流域水雨情遥测、洪水预报、水库调度等较大规模的系统工程。不仅是山西防汛调度和水利管理现代化的典范,也是当时国内水利系统自行研制建设并投入运用的信息化工程,技术处于领先地位,具有设备简化、可靠程度高、功能强、功耗低、造价少等优点。对于提高汾河水库防洪调度水平,更好地发挥防洪、供水、发电等效益有重大作用。

进入20世纪90年代,又相继建设了短波防汛通信电台、电话拨号远程计算机网络终端和微波卫星通信系统等。这些信息化工程的建设,对水库防汛和工程管理发挥了积极的作用。从20世纪80年代开始,水雨情测报系统已经进行过两期改造,现有的水雨情遥测系统是1997年建立的。系统自动采集水库上游16个测报站点的降雨量、水库进库流量和坝前水位,通过单板机送入水雨情后台微机。目前,由于设备运行多年,遥测设备部件老化,技术落后,水库上游16个测报站点设备进行了升级改造。

(二)大坝观测和资料分析系统

汾河水库的观测管理工作,是1961年工程验收后陆续开展起来的。施工期埋设的观测设备较少,由于变更设计及缺乏保护措施,有些设备早已报废,还有一些服务于施工的临时观测设备竣工后即已报废。同年6月水库竣工验收时,大坝仅有5套测压管,分布在3个断面上,同时还设有2组固结管、8个孔隙压力测头,这些设备远远不能满足观测要求。1963年以后,根据1978年水利电力部水利司编《水工建筑物观测工作手册》的具体要求,先后分期分批地增设了观测设备,大力加强观测工作,目前开展的主要观测项目有浸润线、坝基渗压、渗流量、固结、孔隙水压力、坝体沉陷及位移、测斜等,形成了一整套较为完整的水工观测体系。

1. 土坝位移沉陷观测

1)设备布置

施工期间大坝埋设的临时表面位移沉陷标点,施工后均已挖除。1962年在坝体埋设了一排简易的位移沉陷标点和工作沉陷基点,其布置为:上游1排3个、坝顶1排8个、下游4排18个,并在每排两端埋有工作基点及水准点7个。由于一排标点埋设在冰冻线以上,受气候影响,不能如实反映坝体变形情况,又于1963年重新埋设了32个深式钢筋混凝土位移沉陷标点,其布置为上游2排6个、坝顶1排8个、下游4排18个,同时在两端埋设了14个工作基点及3个水准基点,1965年在溢洪道闸墩上新设了1个沉陷标点。

1966年10月以前的水平位移观测,因标点结构形式的限制,采用吊垂球法,受人工对点及风力影响较大,且标点两端未设置校核基点,无法校核视准线。为了提高位移观测精度,1966年10月至1968年8月,按照水电部颁布的技术要求规定的标点形式,在旧标点原来的位置上,将原有钢结构的标点新建、改建成钢筋混凝土结构的位移沉陷新标点25个,其分布为:上游2排6个、坝顶1排5个、下游40 m坝高1排5个、18 m坝高3个。在标点两端设置钢筋混凝土工作基点10个及校核基点7个,水准点8个。

2)观测方法及精度

(1)土坝沉陷观测采用蔡司004及苏联HA型精密水准仪,以环形三等水准进行观测,其观测精度为往返闭合差不得大于$\pm 1.4/n$ mm。工作基点、校核基点每两年校测一次,其往返闭合差不得大于$\pm 0.72/n$ mm。

(2)土坝水平位移,观测采用威尔特T3经纬仪,用视准线法进行观测。视距最长为

900 m,工作基点及位移标点采用觇标对中,观测精度各测回的允许误差不大于 5 mm。

(3)观测时间。原规定每季度末进行一次,后因坝体沉陷、变形渐趋稳定,从 1966 年改为 4 个月观测一次,1972 年又改为每半年观测一次,如遇高水位年(1 122 m 以上)或较大地震时加密测次。

1978 年 4 月水库改建,大坝加高 1.4 m,位于坝顶 1 排 6 个标点全部埋入坝内作废,1980 年埋设新标点,同年 6 月恢复观测、间断观测 23 个月。投入运用 30 年,大坝变形减小,质量稳定,至 1989 年累计垂直位移量 485.21 mm,累计水平位移量 95.38 mm。

2. 孔隙水压力观测

1)影响因素

大坝库水位的升降、温度的变化以及降雨量的大小是影响大坝渗流稳定的主要因素。具体表现在:伴随着大坝水位骤升,坝体孔隙水压力急剧升高,从而引起坝体材料抗剪能力下降,进而导致不稳定渗流产生,而库水位骤降则会导致大坝库水位低于坝内自由水位,致使坝体孔隙水压力因不能及时消散而导致不稳定渗流产生。坝体温度对其渗流场的影响主要表现在大坝温度变化会严重影响水体的理化参数与理化工程,这使得渗流场在坝体内的分布不均匀,进而导致流场的不稳定。降雨量对大坝渗流场的影响主要表现在雨量在坝体的入渗过程,入渗会使坝体负孔隙水压力升高,坝体材料易胶结软化,吸附能力降低,坝体材料抗剪强度下降,进而导致不稳定渗流产生。

2)观测设备

(1)电阻应变式。1959 年 6 月,大坝第一期临时断面施工期间,曾在 0+360 断面埋设有 1 号、2 号、3 号三个电阻式孔隙压力测头,其中 2 号使用不久即失效,1 号、3 号测头于 1959 年 12 月失效。

(2)水管式孔隙压力测头。1960 年,土坝第二期按设计断面填筑期间,在 0+450 断面埋设 10 个水管式测头及 1 个电阻式测头,其中 1~8 号水管式测头能正常观测,9 号、10 号测头因施工期循环水管接错而无法观测,1965 年以后才恢复。1983 年,由于循环水管老化漏水无法补救而停测。

(3)测压管孔隙水压力测头。1963 年 9 月进行坝体质量检查期间,先后在坝轴线及上游坝坡埋设 3 个断面 8 个测压管式孔隙水压力测头。1978 年左岸沙砾石层灌浆时,在大坝下游坡 1963 年相应断面上增设了 6 个测压管式孔隙水压力测头。1989 年又在大坝下游坡相应断面增设了 6 个测压管式孔隙水压力测头。

(4)双管式孔隙水压力测头。1989~1990 年在上游 3 个断面埋设了双管式孔隙水压力测头 15 个,同时,改造旧敞口式测压管为双管式测压管(6 个)进行观测。

3)观测方法

(1)电阻应变式孔隙水压力测头。用祖国牌 57-51 型静动态电阻应变仪进行观测。

(2)水管式孔隙水压力测头。用 2.5 kg/cm² 压力表进行观测,测读精度为 0.01 kg/cm²。

(3)测压管式孔隙水压力测头。采用电测水位计,用袖珍万用表作为指示计,精度为 1 cm。

(4)双管式孔隙压力测头。采用空压机充气,精密压力表进行观测,读数精度为

0.001 Pa。

3. 浸润线及坝基渗压观测

1) 观测设备

浸润线、坝基渗压测压管。施工期在 3 个断面埋设了 5 套,1961 年管理单位成立后,为适应工程需要,分别于 1962 年、1963 年、1965 年、1966 年、1980 年、1981 年、1982 年、1989 年先后增设了 96 套测压管。

2) 观测方法

采用电测水位计,用袖珍万用表作指示器,并与导线连接,导线一端连接重 0.5 kg 黄铜棒测头为一电极,一端与管壁连接为另一电极。观测精度为两次读数差不大于 1 cm。正常运用期每 7 天观测一次,如遇高水位加密测次。

通过测压管水位的观测资料分析,基本上摸清了渗透与土坝变形和稳定的一般规律,并及时发现了渗流的异常现象,找到了原因,采取了相应措施,为大坝安全运行及养护管理起到了耳目作用。

4. 固结观测

1) 观测设备

施工期埋设了 4 套横梁式固结管。1949 年 2 月在第一期临时断面施工期间,曾在 0+400 和 0+449 断面,高程 1 072 m,轴距+27.5 m 处设了 2 套固结管(0+400A、0+449),观测工作一直进行到 1960 年 3 月。由于水库蓄水用水泥砂浆堵塞。第二期新断面施工时,1959 年 9 月 22 日又在 0+400 断面,高程 1 078 m,轴距-70 m 处埋设了 1 套固结管即(0+400B)。1960 年 3 月 26 日,在 0+150 断面,高程 1 112.9 m,轴距-3 m 处埋设了 1 套固结管即(0+150)。由于管理初期违章操作,1961 年 8 月 0+400 被堵塞,停测 22 个月,造成资料中断。虽经 1963 年 5 月处理恢复观测,但 11 节只能观测 1~7 节,8~11 节已经报废。以上两套固结管一直沿用至今。历年的固结资料表明,大坝在施工填筑期固结速度很快,在完成大坝填筑的同时,固结即基本完成,坝料亦随之压密,质量相应提高,坝体稳定性也日益提高。

2) 观测方法

采用测沉器及钢尺进行观测,观测时用弹簧秤控制,拉力 4 kg。

5. 渗流量观测

1) 观测设备

渗流量观测项目是 1964 年以后建立起来的,设置了左岸渗水、左坝基渗水、右坝基渗水以及古河床绕坝渗水等。4 处量水堰,分别为 3 个三角堰和一个矩形堰。

左坝渗水位于大坝左岸三级阶地位末端,高程 1 098~1 100 m,用于观测三级阶地沙砾石层渗流变化及坝坡渗透稳定情况。1967 年和 1973 年 10 月,分别两次在左副坝下游坝脚发生过渗透。为解决这一流土管涌问题,后经增设三级反滤和加高反滤饯台的导渗处理,情况有所好转。至 1989 年运用 20 多年,最大渗流量达 37.43 kg/s。1976 年以后,发现反滤层不能有效地阻止涌沙,1978 年 10 月 10~25 日,日平均最大涌沙量达 691.7 g/d。1980 年左副坝帷幕灌浆后,从实测证明,起到了减少渗流、减少涌沙的作用。为进一步稳定坝脚、制止涌沙,1987 年 9 月对左副坝渗水区域铺了土工布 1 100 m²,涌沙量逐年减小。自 1989 年日平均最大涌沙量 251.8 g/d(1988 年 11 月 2 日至 1989 年 5 月 31 日),渗流量亦有所减少,基本上达到了渗透稳定之效果。左、右坝基渗流是监测主坝段坝基渗水的,从运用资料来看,基本运用正常。古河床绕坝渗流受库水位影响较明显,运用亦正常。

2)观测方法

渗水观测采用量水堰法,正常运用期每 7 天观测 1 次,如遇高水位年,左岸渗水加密测次。

大坝运行以来,始终按照观测规范的要求,做到"四固定"(固定测次、固定时间、固定人员、固定仪器)、"四无"(无缺测、无漏测、无违时、无不符合精度)和"四随"(随观测、随记录、随校核、随整理),积累了宝贵的观测资料,并及时进行了整编。从建库到 2000 年的观测资料已全部汇编、刊印成册,2001~2003 年的观测资料已进行年度汇总归档。

汾河水库大坝安全监测具体内容为:坝体渗流观测(左右坝体渗流、坝体绕渗、浸润线、渗水透明度)、坝体表面变形观测(表面塌陷、水平位移、垂直位移)、坝体内部变形观测(坝体测斜、坝体固结),大坝观测系统为单台微机数据采集分析系统,用有线方式通过传感器采集 100 根大坝测压管水位、3 座渗流观测量水堰,目前,传感器及其数据自动采集处理系统已基本损坏。现采用人工观测记录方式将数据存入微机。

(三)水库洪水预报调度系统

该系统运行在一台装有 Windows NT 和 SQL Server 的服务器上。该服务器与水雨情遥测后台微机连接,每小时接收一次水雨情信息。该系统配有 Modem 一台,可通过拨号网络向国家防汛办发送洪水预报和调度的结果。因近年雨情遥测系统损坏,同时,流域近年来也未发生大的暴雨洪水,故未向国家防汛办发送过信息,该系统单独运行。

三、汾河水库信息化存在的主要问题

(一)对信息化的认识还不够到位

由于种种原因,有些系统建成后的使用管理维护困难,无法充分发挥其作用,有时候新老系统共同运行,不仅没有减轻反而加重了工作人员的负担。随着已建系统的逐渐老化、落后,人们也对信息化的效益产生了怀疑,系统无法进行更新改造,逐渐淘汰。

水库信息化的推广应用,必须伴随着人们观念的改变和对新技术的掌握。水库要实现真正综合自动化,必须首先提高水库管理人员的信息化意识和技术水平,使得水库有对信息化的迫切要求和使用维护能力,只有这样,才能推动信息化建设;也只有这样,才能使得信息化建设落在实处,对实际工作发挥其应有的作用。

(二)水库信息化的投入严重不足

水库综合自动化涉及面广,建设任务艰巨,信息化系统使用周期短,需要定期升级改造。长期以来,国家在水库综合自动化建设方面的投入相对不足,而有些项目单靠水库自身的经济力量难以完成,需要国家的资金投入,但在目前的经济体制下,水库综合自动化建设如果没有整体的规划,很难得到国家财政方面的支持,从而导致该方面的资金投资渠道不畅。

(三)尚未形成水库公用信息平台

水库公用信息平台是最近几年才大力提倡的,时间较短,目前还没有关于水库综合自动化专门的数据描述规范,给水库管理局信息化的应用造成一定障碍。

由于没有相关规范,各个单位各自为战,造成水库管理局的信息标准不统一,数据的使用受到限制,在水库管理局部门之间的不同系统也有同样的问题。因此,形成统一的公用信息平台是迫切的需要和最好的选择。

(四)水库信息化的队伍建设相对滞后

人是生产力中最活跃的因素,也是水库信息化建设成功与否的关键。没有高质量、高水平的水库信息化人才,水库信息化建设只是一句空话或仅仅是低水准的水库信息化,许多水库由于地处偏僻,高水平的信息化技术人才难以留用,今后,在积极引进人才的同时,加强现有人员的信息化技术培训是非常重要的。

第二章　汾河水库信息化系统的总体构想

第一节　汾河水库信息化系统的开发任务

一、水库信息化系统的开发范围

汾河水库信息化的建设是一个综合性的工程,集多方面的综合信息为一体,需要省水文局、万家寨引黄工程、环保、气象和当地政府等单位提供相关的各类信息,作为信息化的支撑。同时,信息化工程的建设也将为太原市水利局、山西省水利厅等单位提供了丰富的防汛减灾的各类信息,并充分利用与水库信息化有关单位提供的信息设施、信息产品、信息服务,积极为其他单位的信息系统建设提供信息服务。开发建设的范围如图 2-1 所示。

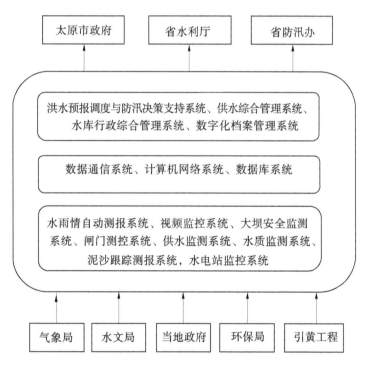

图 2-1　汾河水库综合自动化工程开发建设范围

应当指出的是,汾河水库信息化工程开发建设必须与水利部编制的水利信息化远期规划相对应。

二、开发目标

利用宽带网络、无线网络、Web、GIS、数据存储、信息服务等前瞻技术,建立先进的综合自动化工程体系,为水库管理局各项工作的现代化进程提供先进的技术手段。

三、开发任务

汾河水库信息化工程根据信息的采集、传输、处理、分析等流程,其基本任务如下。

(一)信息采集系统

利用先进的技术手段开发建设的信息采集系统,以形成综合信息采集系统,并提高系统整体效率为主要内容。信息采集系统主要有水雨情自动测报系统、大坝安全监测系统、视频监控系统、水电站监控系统、闸门测控系统、供水自动监测系统、水质监测系统和泥沙跟踪测报系统,形成了从微观到宏观多层次协同作业、结构相对完备的综合信息采集体系。

(二)网络通信系统

利用 GSM、超短波、光纤、PSTN 等手段,建成连接水库各水雨情测报站、视频监控点、大坝安全监测点、水电站监控系统、闸门测控点、供水监测点、水质监测站的数据通信网络系统,建成了连接水库办公区、各业务行政科室和外部上级相关水利部门的计算机网和水库管理局信息中心,为水库业务应用提供数据交换、视频信息传输、语音通信和因特网等服务。

(三)综合数据库平台

综合数据库平台在水库信息汇集、存储、处理和服务的过程中发挥核心作用,是构成完整水库信息化体系的重要基础部分。通过综合数据库平台的建设,实现了信息资源的共享和优化配置,满足业务应用多层次、多目标的综合信息服务需求。

(四)业务应用系统

业务应用系统主要内容有:防汛决策支持系统(包括水文气象预报子系统、汛情监视子系统、洪水预报子系统、洪水调度仿真子系统、洪水风险分析子系统、灾情评估子系统、人力物资调度子系统、防汛会商子系统、水库优化调度子系统)、水库大坝安全评价系统、水电站监控系统、供水综合管理系统、水库行政综合管理系统(包括管理局办公自动化系统、财务管理系统、人事管理子系统、物资管理子系统、工程管理子系统、管理局因特网站子系统、水库信息服务子系统)、数字化档案管理系统(包括数字化档案子系统、图书管理子系统、文献资料检索子系统)、应用系统整合等软件系统。

(五)汾河水库信息化系统保障环境

水库信息化保障环境由水库信息化标准体系、安全体系、建设及运行管理、政策法规、运行维护资金和人才队伍等要素共同构成。保障环境是水库信息化综合体系的有机组成部分,是水库信息化得以顺利进行的基本支撑。为保证水库信息基础设施与业务应用建设的顺利进行、运行的持续稳定和功能的有效发挥,保障环境的建设必须与之相结合、相协调,并适度超前。建立良好的管理模式来确保水库信息化建设的顺利实施,产生良性激励机制,在充分发挥水利信息系统作用的同时提高其自身功能,从而尽可能地发挥出水库信息化的社会效益及经济效益,促进水利现代化进程。

第二节　汾河水库信息化开发的总体构想

一、系统结构

根据水库的业务流程和信息流程,汾河水库信息化的体系结构分为信息采集层、通信网络层、综合数据层、业务应用层四部分。系统总结构如图 2-2 所示,系统体系结构如图 2-3 所示。

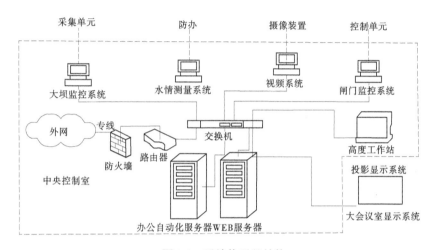

图 2-2　系统体系总结构

二、系统功能

(一)信息采集层

信息采集层是水库信息化系统所有信息的来源,这些信息的获得需要通过不同采集方法和措施,这些获得信息的手段和措施以及相应的系统就组成了采集层。采集层采集的信息主要有水雨情、闸位、流量、图像、工情、水质、含沙量等信息。信息采集层由以下系统组成。

1. 水雨情自动测报系统

主要完成对水库流域和库区的 16 个(今后扩展为 27 个)站的降雨量、蒸发量等数据进行自动采集和数据管理,以便管理人员可以随时掌握上游的来水状况,并作为洪水预报和防洪调度的依据。所采集的数据可以以 GIS、图表等多种表现形式供网络用户查询。

2. 视频监控系统

完成对管理局的办公区、水库大坝进行全天候视频图像监控,使水库管理人员在监控中心就能随时了解到管理局办公区的人员来往情况、安全情况,便于水库管理局的日常安全管理,也可以了解大坝上过往行人的状况、闸门的运行状况,以及坝前坝后的安全状况。

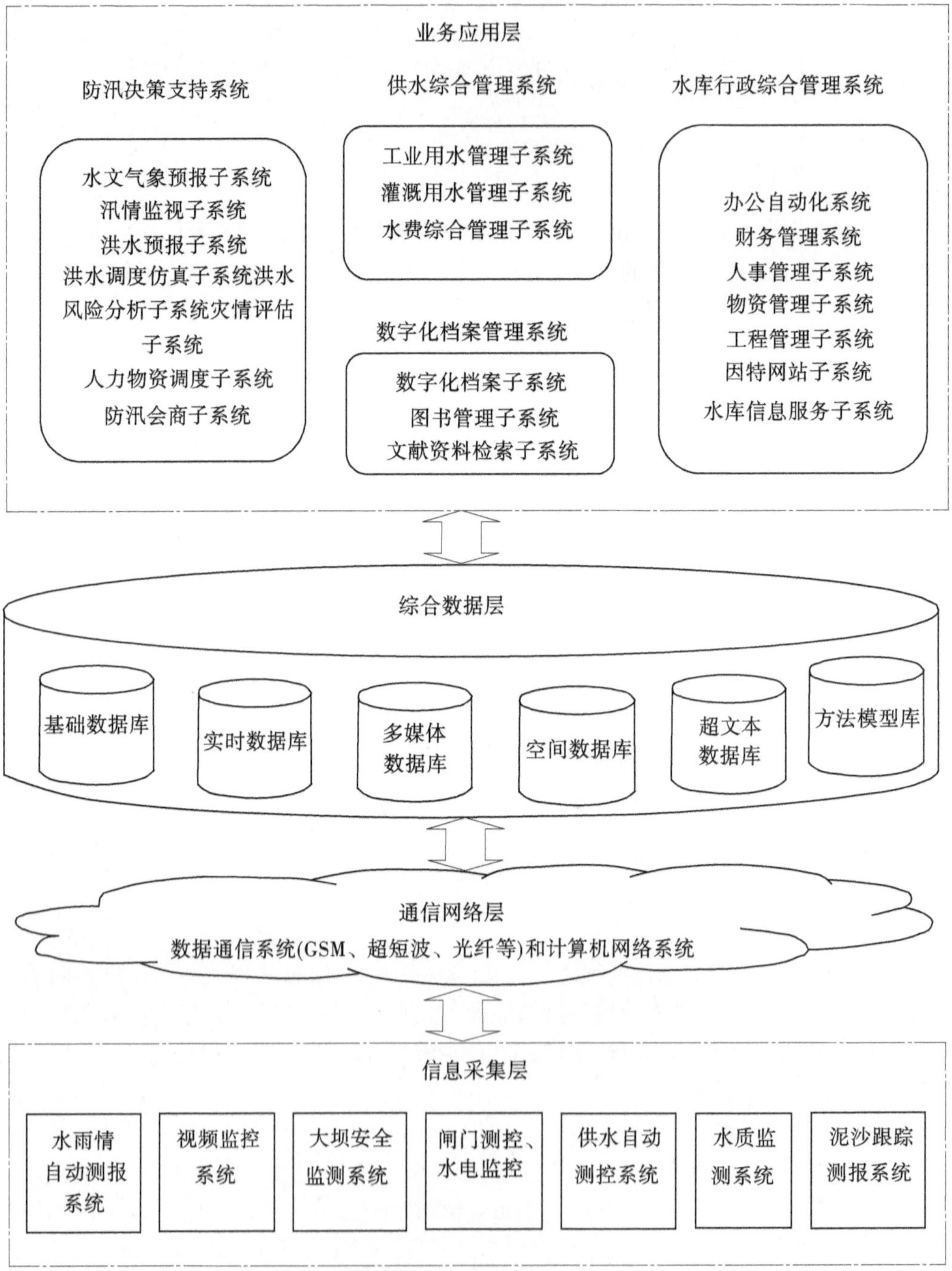

业务应用层

防汛决策支持系统　　　　供水综合管理系统　　　　水库行政综合管理系统

水文气象预报子系统
汛情监视子系统
洪水预报子系统
洪水调度仿真子系统洪水
风险分析子系统灾情评估
子系统
人力物资调度子系统
防汛会商子系统

工业用水管理子系统
灌溉用水管理子系统
水费综合管理子系统

办公自动化系统
财务管理系统
人事管理子系统
物资管理子系统
工程管理子系统
因特网站子系统
水库信息服务子系统

数字化档案管理系统

数字化档案子系统
图书管理子系统
文献资料检索子系统

综合数据层

基础数据库　　实时数据库　　多媒体数据库　　空间数据库　　超文本数据库　　方法模型库

通信网络层
数据通信系统(GSM、超短波、光纤等)和计算机网络系统

信息采集层

水雨情自动测报系统　　视频监控系统　　大坝安全监测系统　　闸门测控、水电监控　　供水自动测控系统　　水质监测系统　　泥沙跟踪测报系统

图 2-3　系统体系结构

3. 大坝安全监测系统

为大坝浸润线、渗流监测和数据分析软件的实现提供平台,以提高大坝工程安全监测的时效性、可靠性和自动化水平。

4．闸门测控系统

完成对水库的 4 m 输水洞、8 m 的泄洪排沙洞和溢洪道的闸门进行远程自动控制,通过计算机监控系统达到闸门水位、闸门工情信息采集与传输,达到能够在监控中心进行远程控制闸门启闭以及闸门自动控制;结合视频监控系统,可以直观了解水闸的运行工况以及周围环境,以实现无人值守和闸门自动化控制。

5．供水监测系统

完成水库对太钢尖山铁矿供水、古交市供水、农业灌溉用水和万家寨引黄供水情况进行监测,供水是水库经济效益的主要来源,通过对供水系统的分析研究,主要对水量计量系统进行建设,重点是对万家寨引黄工程南干输水工程水量进行监测。

6．水质监测系统

完成入库点和库区引黄取水口处的自动监测和实验室化验分析,系统采用自动监测仪器法和实验室实验分析法对水质的 20 多项指标进行监测和分析,为治理汾河上游和库区的水环境、净化水质提供科学的依据,杜绝乱排污水,对排污单位进行监督和管理。

7．泥沙跟踪测报系统

完成对水库的淤积和排沙进行测报,根据对入库站含沙量和水库含沙量的自动监测,自动预测泥沙的变化规律,对进行排沙提供依据和方法。结合汾河水库的异重流排沙调度规则,减少泥沙量对库容的影响,提高水库排沙的效果。

(二)通信网络层

通信网络层是信息化数据传输交流的基础,是数据传输的介质,包括数据通信部分和计算机网络部分,数据通信部分主要是对所有采集的数据传输的基础,采用 GSM、超短波、光纤等多种传输方式。计算机网络部分主要是水库管理局内部和外部的网络建设,包括内部办公和外部交流网络。通信网络层主要由以下系统组成。

1．数据通信系统

采集的数据通过远程有线或无线等通信方式进行传输,采集系统中水雨情自动测报系统通信方式以超短波为主;视频监控系统通信方式采用光纤传输;大坝安全监测系统通信方式采用有线电缆和光纤传输;闸门测控系统通信方式采用光纤传输;供水监测系统主要采用人工抄表方式;水质监测系统通信方式采用 GSM 传输。

2．计算机网络系统

该系统主要包括水库管理局内部网络和外部网络的建设,它将极大地提高内部各部门的数据共享、信息交流和管理局与各上级单位的信息沟通以及对外界的信息沟通能力。该系统具体包括管理局信息中心网络系统、管理局办公区网络系统、管理局防汛会商室网络系统、管理局与上级水利单位的网络系统、管理局对外 Internet 网络系统。

(三)综合数据层

水库信息化系统的建设需要建立一个公用、统一的数据存取平台,它是整个信息化系统数据存取的基础,由多个相对独立又互有关系的数据库组成,主要包括基础数据库、实时数据库、多媒体数据库、超文本数据库、空间数据库、方法模型库等。数据层专门针对数据进行有效的管理和访问,可以有效地保护系统重要的资源数据库,也解决了系统中数据资源多样化及异种数据库系统之间交互问题。

综合数据层主要包括以下数据库:基础数据库、实时数据库、多媒体数据库、超文本数据库、空间数据库、方法模型库。

(四)业务应用层

业务应用层主要完成洪水预报、水库调度、防汛决策、用水管理、行政办公、日常管理等业务数据分析、处理、表现等功能,是水库调度、决策、指挥的过程,业务应用层主要由以下系统组成。

1. 防汛决策支持系统

(1)水文气象预报子系统。主要对库区水资源的时空分布进行预报,为水资源的合理利用和优化调配提供基本依据。根据前期和现时的水文、气象等要素,对洪水的发生和变化过程做出定量、定时的科学预测,为水库调度提供依据。主要预报项目有最高洪峰水位或流量、洪峰出现时间、洪水涨落过程、洪水总量等。

(2)汛情监视子系统。该系统主要提供对库区汛情信息多种形式的显示、查询功能,提供基于整个库区上下游电子地图的水雨情和工情查询,从不同的区域、不同时间对水雨情信息进行查询,提供表格化和图形化的数据,并进行比较分析。

(3)洪水预报子系统。该系统主要是根据采集的实时雨量、蒸发量、水位等资料,对未来将发生的洪水做出洪水总量、洪峰发生时间、洪水发生过程等情况的预测,并通过采用水文学、水力学、河流动力学及 GIS 系统的有机结合,建立洪水预报数学模型,实现洪水预报的动态仿真。

(4)洪水调度仿真子系统。该系统主要是依据实时雨、水、工情信息和预报成果,采用调度模型,自动模拟仿真,生成调度预案,制订实时调度方案,进行方案仿真、评价和优选,并且具有汛情分析、信息查询、报告编制、系统管理等辅助功能。

(5)洪水风险分析子系统。主要根据采集的实时水雨情数据对洪水风险的预测和分析,以及对险情影响的区域和后果进行预测,对洪水淹没区域的分析、淹没程度的分析以图表和 GIS 分析。

(6)灾情评估子系统。该系统主要对洪水淹没区的灾前预评估、灾中实时监测评估和灾后评估的管理,系统主要通过洪水调度仿真、GIS 和社会经济信息相结合的方法。

(7)人力物资调度子系统。系统根据人力、物资情况,以及出现的洪灾对交通网络、抗洪物资等的影响,建立资源分配实时调度模型,确定人力和救灾物资到达抢险救灾地区的行进路线、到达时间等参数,制订出优化的人力、物资调度方案,在此基础上,结合电子地图,显示出主要物资仓库的物资调运清单、调运路线、到达现场时间等信息,显示出各抢险救灾部队调动情况,以及抢险地点、行进路线、到达现场时间等信息,为防汛抢险现场指挥的领导进行人力、物资调度提供辅助决策信息支持。

(8)防汛会商子系统。该系统主要根据现有防洪工程情况和调度规则制订调度方案,做出防洪决策,下达防洪调度和指挥抢险的命令,并监督命令的执行情况、效果,根据水雨情、工情、灾情的发展变化情况,做出下一步决策。能制订出各种可行方案和应急措施,使决策者能有效地应用历史经验减少风险,选出满意方案并组织实施,以达到在保证工程安全的前提下,充分发挥防洪工程效益,尽可能减少洪灾损失。

(9)水库优化调度子系统。该系统主要是在保证防洪的基础上,进行兴利调度,根据各部门的用水情况,同时考虑万家寨引黄工程南干输水工程的进水情况;上游来水对水库淤积引起库容的影响;根据下游河道的泄洪能力,制订洪水调度计划。利用气象水文预报系统提供的水文资料和大坝安全监测系统提供的坝体安全参数作为水库调度的决策依据。

2. 供水综合管理系统

(1)用水管理子系统。该系统主要在供水监测系统基础上进行功能完善和改进,对采集的流量数据进行分析后,计算出各单位的用水量数据,作为水费收缴的依据。对水库和汾河灌区用水管理,包括灌溉用水计划的管理、灌溉面积、灌溉用水量的管理等,能及时为灌区管理单位制订科学的用水计划,为灌区的计划用水提供基本依据,实现水资源的优化配置。

(2)水费综合管理子系统等。系统主要对水库的用水单位进行水费收缴信息的统一管理。通过建立一个完整的用水管理平台,实现了水费收缴体系公开化和透明化。可以通过网络自动完成水费的征收及查询统计工作,逐步实现网上自动交费。

(3)水库行政综合管理系统。系统根据水库管理局的内部现状,为进一步实现数字化办公,提高部门间的工作效率,提供信息共享和信息交换系统。该系统主要包括管理局办公自动化子系统、财务管理子系统、人事管理子系统、物资管理子系统、工程管理子系统、管理局网站子系统、水库信息公众服务子系统等。

(4)数字化档案管理系统。该系统主要对水库管理局的档案室所保存的以纸张为主的重要档案、文件、资料进行扫描,以数字化的方式保存到光盘或磁盘上。同时,也要保存以往生成的水雨情、工程观测、供水等电子版数字资料。对于现在和今后水库由计算机生产的数字文档,要通过制度规范,以便在规定的时间内,通过整理,纳入数字档案管理系统中。该系统并不取代现有的用纸张为主的档案、文件、资料管理体系,而是一种计算机对资料进行管理,使得档案易于复制、共享、方便查询的系统。

第三章　汾河水库水情自动测报的系统开发

第一节　综　述

水情自动测报系统是一种先进的水情信息实时收集处理系统,也是一项现代化的、非工程性的防洪措施。我国是一个多洪水灾害的国家,大小洪水连年不断。1954年长江中下游武汉地区发生的大洪水,1958年黄河下游、1963年和1975年在海河及淮河上游地区相继发生的特大洪水都造成了巨大的损失。1989年辽河大水、1991年华东大水也造成了巨大的自然灾害。1998年长江流域、松花江及嫩江流域发生的特大洪水,造成了历史上罕见的水灾。究其原因,报汛不及时,水情不明是加重灾害的主要原因(1998年特大洪水中,水情测报系统对洪水预报和防洪调度发挥了巨大的作用)。建设水情自动测报系统是一项投资少、工期短而又十分有效的非土建工程性的防洪措施,已为世界各国所普遍采用。推广水情自动测报技术,提高防洪减灾管理水平,确保安全度汛,造福人民,已经成为水利工作者的重要职责。

一、水情自动测报系统的建设目标

水情自动测报系统建设目标是采用现代信息采集技术、通信技术、计算机网络技术、信息处理技术建成覆盖汾河水库流域的水雨情测报系统,达到信息源布局合理,信息采集、传输、处理手段先进实用、高效可靠,实现动态监测和实时报警,为实时洪水预报,提高防汛预警能力和抢险救灾的快速反应能力提供基础数据。

二、系统设备硬件选型及通信方式的确定

一个基本的水情自动测报系统,至少应由若干个遥测站和一个中心站组成。系统的基本流程如图3-1所示:遥测站自动实时采集、暂存和发送水情数据;中心站实时接收遥测数据,并进行存储、打印及数据处理;中心站能及时对洪水过程进行预报,做出防洪调度方案。

图 3-1　水情自动测报系统运行流程

三、水情自动测报系统运行体制

当前国内外水情自动测报系统运行体制主要有三种：自报式、应答式和自报应答式。

(一)自报式运行体制

自报式运行体制指各遥测站在其被测参量达到规定的增量变化时，主动发送一次数据，中继站自动接收和转发，中心站被动接收，可实现随机自报和定时自报两种功能。

随机自报：当参数发生变化，达到规定的变化范围时，则自动打开发射设备相关电路，将数据发给中心站，随即转入掉电守候状态；定时自报：当相应的定时时间到时，则自动采集有关数据，并打开发射设备及相关电路，将数据发给中心站，随即转入掉电守候状态。

这种运行体制使得自报式遥测站的设备简单、守候电流小、低功耗、抗干扰性能强、可靠性高，而且实时性好，适宜于野外遥测站的长期无人值守。

(二)应答式运行体制

应答式是当遥测站水文参数发生变化时，立即自动采集、记录、存储，但不主动向中心站发送数据，只有接到中心站查询命令时，才将存储的当前水文数据发送给中心站。优点是可随机或定时地对遥测站进行巡测和召测，缺点是设备的功耗较大（耗电量为自报式体制的20~30倍），设备较复杂，不利于野外遥测站的长期无人值守。

(三)自报应答式运行体制

自报应答式运行体制吸取了上述两种工作体制的特点，它既可实时自报水文参数，又可随时响应中心站的召测查询，但设备更为复杂，功耗也相应加大，目前在我国很少采用。

四、水情自动测报数据软件

(一)系统架构

1.软件数据系统总体结构

水情自动测报系统由数据处理子系统、数据接收子系统、地图信息子系统、报警监测子系统、水雨情报表子系统、图形显示子系统、系统管理子系统和系统维护子系统等部分组成，软件数据系统总体结构如图3-2所示。

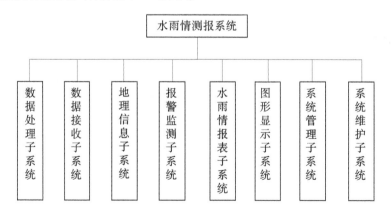

图3-2　水雨情测报系统组成结构图

1）数据接收与处理子系统

主要功能：由通信信道传输的水雨情数据进入本系统的接口数据表，进行保存、转发及水雨情数据的检查，接口数据表的触发器将相应数据转入系统的水雨情原始记录表，同时将接口数据表中的相应记录删除，如果数据不能转入系统，则在该记录上做标记，进行人工处理。水雨情数据接收与处理子系统运行于后台数据库，系统的数据来源为来自接口数据表的数据。详细的处理功能有月水雨情、旬水雨情、日水雨情、时段水雨情、小时水雨情等水雨情计算。

2）地图信息子系统

地理信息子系统是本次水雨情测报系统软件改造的关键所在，地理信息系统是一种采集、处理、传输、存储、管理、查询检索、分析、表达和应用地理信息的计算机系统，是分析、处理和挖掘海量地理数据的通用技术。通过 GIS 显示水利行业的相关数据或信息。地理信息子系统的主要功能有地图显示、地图导出、地图打印、显示控制及数据的动态刷新。

3）报警监测子系统

主要实现基于地图的实时监测、数据的动态刷新监测、循环监测、鼠标动作时的监测、动静态图像的实时监测、表格的实时监测等功能。

4）水雨情报表子系统

水雨情报表子系统主要通过选择日期、旬月等组合查询条件进行查询，并对查询结果打印或以 Excel 文件的格式保存到硬盘。水雨情报表子系统的表现形式有三种：日水雨情简报、旬水雨情简报、月水雨情简报。

5）图形显示子系统

主要可以显示时段雨量柱状图、日雨量柱状图、时段累积雨量图、雨量分布图、雨量等值线、水位过程线、流量过程线、水面线、水位流量过程线、水位-流量关系曲线等图形。

6）系统管理与系统维护

系统权限可分为三级：管理员、操作者和领导，相对应的系统中设立管理员、操作者和领导三个角色。

对于每一个系统的使用者，在系统中均为其创建一个用户，用户有唯一的用户名，用户口令由各用户自行管理，管理员可以修改所有用户的口令；用户口令采用加密算法。

权限的操作是通过主界面的菜单项表示的，在程序执行过程中，根据确认的权限对主菜单进行动态设置，无权的菜单将被隐藏。

系统具有登录验证、取用户信息、修改口令、改用户口令、增加用户、删除用户、角色授权、指定用户所充当的角色、日志管理、系统设置等功能。

2. 防汛决策支持系统

该系统利用先进的气象预报、洪水预报、通信、计算机技术、地理信息（GIS）技术、传感器技术、多媒体技术、水利学知识等相关技术，建立一个能为防汛指挥调度提供决策支持的系统。该系统可以通过对实时采集的水雨情数据信息进行分析，实现水库上游来水的预报，为决策人员科学地实施水库调度提供依据。同时，系统通过模拟仿真，可动态模拟洪水演进过程及下游淹没的区域和状况，为抢险救灾、人员撤离、物资调配提供依据。

(二)建设目标

通过该系统可以达到如下目标：

(1)实时、准确、完整地完成各类防汛信息的收集、处理和存储。

(2)快速、灵活地以图、文、声、像等方式，提供水、雨、工、灾情的实时信息和背景、历史资料等信息。按照系统设置的流程展示各类信息。并基于地理信息系统实现背景地图与实时信息的复合叠加。

(3)自动对气象、降雨、水雨情、工情、险情、灾情等信息进行单点和区域监视，并与报警门槛值进行比较，对超标信息以图、文、声、像等多媒体方式报警，并提供与之相关的信息。

(4)提高洪水预报的精度、增长预见期。

(5)改善防洪调度手段，增强科学性和严谨性。

(6)迅速、准确地预测和评估灾情，提供迁安信息。

(三)系统组成

防汛决策支持系统根据防汛调度的流程可以分为信息采集、洪水预报、调度决策、调度指挥及结果反馈等五个过程。整个系统在逻辑上由水文气象预报子系统、汛情监视子系统、洪水预报子系统、洪水调度子系统、洪水风险分析子系统、灾情评估子系统、人力物资调度子系统、水库优化调度子系统、防汛决策会商子系统 9 个子系统组成，如图 3-3 所示。

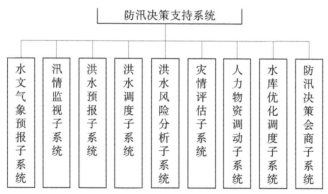

图 3-3 防汛决策支持系统

主要利用地理信息处理技术、数据库技术和计算机网络技术，在功能强大的计算机网络操作系统基础上，提供对库区汛情信息多种形式的显示、查询功能，利用 GIS 的特点，使各种信息的表现更加迅速、美观、理解性更好。同时，通过网络实现对各种信息进行实时监测。

(四)系统功能

(1)数据整理。主要对实时采集的数据、历史数据进行资料整编，并对各种数据的有效性进行验证，建立相关的数据库。

(2)汛情查询。分为两类，一类是实时数据的查询，一类是对历史数据进行查询。

(3)汛情监视。基于矢量图形界面实现库区背景地图与实时信息的复合叠加。在当前的显示界面,系统会根据设定的监视规则,运用各种后台机制及技术,对当前的对象进行监视,主要监视内容分为气象信息监视、水雨情信息监视、雨情信息监视、工情信息监视、灾情信息监视五大类。

(4)气象监视。气象与防汛抗旱密切相关,在防汛决策过程中需要及时掌握气象信息,气象信息包含的内容很多,系统重点监视气象预报信息等信息。

(5)降雨监视。降雨监视涉及等值线监视、降雨色斑图监视、成灾降雨区域监视、暴雨分析情况监视、暴雨预报等。在监视的过程中,不同颜色的雨量站符号表示不同等级的降雨。

(6)测站监视。不同颜色的水雨情测站表示正常、超警、超保、超历史最高,通过闪烁的方式实现特殊报警,实现对超汛限、超正常、超警戒、超保证、超历史最高、超历史最大的监视,以及实时水位和峰值监视。

(7)工险情监视。对于出险的大坝工程,用不同的颜色闪烁表示出险状况,用列表的形式显示主要工程数据等。

(8)灾情监视。对区域下游淹没区的受灾点进行动态监视,并且实时显示受灾范围和区域。

(9)汛情报警。汛情报警系统的报警内容主要包括致灾暴雨报警、洪水报警、水库水雨情报警、工情险情报警和预报信息报警。

(10)致灾暴雨报警。根据接收到的实时雨量数据信息,判断当前实时雨量值与系统设置的雨量报警门槛值之间的关系,当实时雨量值超过雨量报警门槛值时,则触发报警机制,在报警队列中形成相应的报警对象。

(11)洪水报警。洪水报警门槛值包括汛限水位、警戒水位、保证水位、历史最高水位。系统根据实时水位信息分别与所有水位报警门槛值进行比较,形成相应的水位报警,最后触发报警机制形成报警。

(12)水库水雨情报警。水库水雨情报警主要针对所有水库水雨情监测站,水库水雨情报警关注的是水位和库容两大类要素信息,报警门槛值包括汛限水位、警戒水位、保证水位、历史最高水位等。系统根据实时水库水位信息分别与所有水库水位报警门槛值进行比较,形成相应的水库水位报警,最后触发报警机制形成报警。

(13)工情险情报警。对于已经量化的工情信息,例如水库蓄水量、入库和出库流量、闸门启闭情况等,系统依据门槛值设置进行相应报警,对于没有量化的其他工情信息,则以图形、图像、超文本等多媒体信息辅助显示。

(14)灾情报警。灾情信息报警主要对降水量、地下水位埋深、蒸发量、风力风向、气温、水利防洪设施灾情、水库溃坝灾情等信息进行监测报警。

(15)预报信息报警。预报信息报警主要是根据其他预报系统的预报结果,对比各自的门槛值,做出相应的预报信息报警。

1.洪水预报子系统功能

(1)资料处理。实现历史资料的录入、查错、插补、合并、列表、时段处理和装载。录入的资料包括雨量摘录、洪水水文要素摘录和日均流量资料等。

(2)模型率定。对模型参数文件的编辑、参数的率定计算、率定结果的检查、子流域参数文件组装、模拟计算等。

（3）实时检索。为实时预报提供及时、准确的雨水雨情信息。它由五部分组成：①雨水雨情信息检索。从自动测报系统或水雨情信息系统的实时雨水雨情数据库中检索选定时段内的信息。②信息的检查纠错。对检索到的信息进行时序检查和量级检查，对疑似错误通过人机交互方式予以纠错，确保信息质量。③资料插补。对缺测或未报出的测站雨量信息由相邻（或相似）站的降雨资料进行插补，保证实时资料的完整性。④时段化处理。根据选用的预报时段长，对任意时段长的实时数据处理成要求的时段雨量值。⑤数据装载。将处理的雨量数据装载成标准格式，作为实时预报的输入数据。

（4）实时预报。对经参数率定后的流域（或断面）进行任何时段的洪水预报计算。在实时洪水预报计算中，系统实现各子流域预报结果的自动连续计算，可做任一子流域控制站的预报，亦可做全流域总出口断面的预报。系统具有实时校正、降雨预报输入、上游流量预报输入和多模型选择等功能。实时预报模式有四种可供选择，分别为定时预报、人工干预预报、连续预报、仿真模拟预报。

（5）实时校正。根据预报时刻前的实测值与预报值之间的偏差（系统偏差或随机偏差），采用自回归系数法，对预报变量进行最优估值，获得预报发布值与即将出现的相应实测值误差为最小的结果，可有效地提高预报精度。

（6）预报信息管理。对洪水预报子系统所涉及的有关信息库进行有效的管理维护。主要有以下功能：①基本信息，包括预报流域图、预报流域简介、历史洪水特征、预报模型简介、模型参数说明。②实时信息，包括实时雨水雨情信息查询，以及实时信息与历史信息的对比分析查询，输出方式有表格、图形（过程线图、断面动态图）两种方式。③预报信息，对四种预报方式经确认的预报结果进行检索查询，以表格、图形（过程线图、断面动态图）两种方式输出。当预报值相应的实测值出现后，可以表格和图形方式对比分析，直观地了解预报误差的大小，并依据《水文情报预报规范》对预报成果进行精度评定。

2. 洪水调度子系统功能

（1）防洪形势分析。通过对实时、预报与历史的水雨情信息的检索，根据洪水预报成果，按照防汛调度规则以自动方式进行推理判断，初步判明需启动的防洪工程，并参考防洪工程运用现状，明确当前的调度任务与目标，编制出防洪形势分析报告。

（2）调度方案制订。根据防洪形势分析成果，按调度方式与规则自动生成方案，以水位或出流量约束生成方案，根据实时雨水雨情及工情人机交互生成方案，上级下达的决策调度方案。调度模型有以下几种：库水位生成模型、出库流量生成模型、规则调度模型、指定调度模型、补偿调度模型等。

（3）调度方案仿真。以人机交互方式，虚拟输入防洪工程参数、降雨量、入库洪水过程等条件，再调用洪水预报模型、调洪演算模型，预测调度方案实施后水位与流量变化过程。

（4）调度方案评价。对所制订或仿真的方案进行可行性分析，对可行方案进行洪灾损失的初步概算和风险分析。以洪灾损失最小为准则，综合考虑防洪调度的各个目标，对各个调度方案的调度成果进行对比分析，并可根据决策者所确定的决策目标及重要程度，对各调度方案进行评价和排序。

（5）调度成果管理。调度成果管理包括防洪形势分析成果管理、方案制订成果管理、方案仿真成果管理、方案评价成果管理。

（6）调度系统管理。对专用数据库进行管理和对调度系统的各部分提供帮助信息。其中专用数据库管理包括从公用数据库中提取数据，对专用库中的防洪工程基本资料、防洪工程调度规则、防洪工程调度经验与知识、历史洪水调度实例等资料进行查询、更新、添加、删除等维护功能。

3. 洪水风险分析子系统功能

洪水风险分析主要根据采集的实时水雨情数据对险情的预测和分析，以及对险情影响的区域和后果进行预测，对洪水淹没区域的分析、淹没程度的分析以图表和 GIS 分析。洪水风险分析子系统主要由基础信息管理、洪水风险计算、洪水风险图制作、洪水风险信息查询、洪灾经济损失计算与查询等功能组成。

4. 灾情评估子系统功能

灾情评估系统主要是对洪水淹没区的灾前预评估、灾中实时监测评估和灾后评估的管理，该系统主要通过洪水调度仿真、GIS 和社会经济信息相结合的三种方法。

（1）灾前预评估。根据预报的水位、流量、洪量以及调度预案，通过已有的洪水风险分析图或水利学、水文学模拟，确定受淹范围，再通过包括社会经济信息的基础背景数据库或洪灾风险分析图，对可能受灾地区耕地、房屋、人口、工农业产值、私人财产等进行快速评估，为调度方案决策提供依据。灾前评估是按照各种调度方案做出损失评估，主要从可能造成的经济损失、可能的受灾人口（涉及社会因素）、迁安能力（人数、道路、车辆调度）、可能的受灾人口（涉及社会因素）、重点保护区（交通大动脉、重要工业基础、军事基地）、救灾物资储运等几方面作为决策提供依据。

（2）灾中实时监测。在灾害发生的过程中，依靠遥感实时监测图像，后根据水位、洪量等情况依据专家经验确定受淹范围。在用遥感做实时检测时，可以分出洪涝的范围。然后通过包括社会经济信息的基础背景数据库或洪灾风险图对易受淹地区耕地、房屋、人口、工农业等进行快速评估。利用 GIS 技术进行灾情评估，确定灾情及发展趋势、救灾物资数量和运输路线，为后继洪水调度方案决策提供依据，以及对迁安人员的安置，灾后重建的准备。

（3）灾后险情评估，灾后评估的主要作用是：基础背景数据（包括地理、社会、经济）的管理，空间和属性数据查询、检索、统计和显示，洪水演进、灾情数据的提取和分析，灾情的可视化表达，辅助决策。

5. 人力物资调度子系统功能

（1）防汛交通状况。主要结合 GIS 系统，在地图数据库里调出库区下游的行政区划图，并在其上明确标示出受灾范围内每条道路交通状况，以及距离等信息，以便为决策者在选择撤离路线时能有个直观清晰完整的交通信息图。

（2）人力物资分布状况。在库区地图上可以直观显示出在哪些区域分布有救灾人员和物资，以及每个区域人员物资分布的数量、种类等其他相关信息，可以使得决策者在救灾抢险的过程中，能根据受灾区域的受灾状况，合理均衡地分配各个区域的人员物资调配情况。

（3）防洪抢险地点。结合遥感遥测技术，在库区地图上，动态标示出每一个防洪抢险的地点，并且自动显示受灾状况、人员、面积以及物资状况等信息。

（4）物资分配调度。根据某一区域的受灾状况、地理位置、该区域的社会经济状况、人口、面积等信息来分析和计算需要调运物资的种类、数量等信息，结合历史经验，形成物资分配调度模型，以便提高物资分配的科学性、合理性。

6. 防汛决策会商子系统功能

（1）信息分析查询。①气象信息查询。采用气象局传输过来的气象资料和预报成果，建立气象信息查询系统，主要内容包括卫星云图、雷达回波图、热带风暴、天气预报、降水数值预报、重要天气过程再现等。②水文信息查询。包括雨情信息查询、水库水雨情、河道水雨情、雨量报表、水雨情报表等内容。③防洪调度信息查询。包括工程调度规则管理及调度方案形成、调度方案的风险分析及灾情评估。④灾情评估信息查询。包括洪涝灾害统计图、历史洪灾、洪水淹没风险图及风灾、雹灾、水毁工程信息等。⑤防洪组织管理信息查询。提供防洪抢险组织管理信息查询，并为防汛决策的实施提供支持。主要内容包括防汛指挥机构和责任制查询、险情信息查询、抢险物资仓库查询、防洪抢险规程查询、抢险队伍查询、防汛值班信息查询等。

（2）实时在线分析。①汛情统计。包括最大值统计（如最大时段降雨量、最大1日降雨量、最大3日降雨量、最大7日降雨量、最大15日降雨量、最大30日降雨量、最大60日降雨量、最高水位、最大流量、最大蓄量）、超值统计（如超设防、超坝顶）、累计值统计（如累计蓄水量、累计泄量、累计洪量）、水量平衡分析、历史排队、水位超限时间、重现期及洪量统计。②洪水分析。对干流控制站以人工交互方式分析其场次洪水组成、汛期洪水组成、当年洪水组成及多年平均洪水组成，即上游来水与区间来水的比例。③洪水转播时间分析。以人工交互方式辅助用户进行实时洪水及历史洪水的区间洪峰转播时间分析。④面平均雨量分析：以人工交互方式由用户给定的权重法或泰森多边形法以图上作业的方式求得面平均雨量供预报使用。⑤暴雨（洪水）频率分析。由历史暴雨（洪水）资料排队计算其频率，画出暴雨（洪水）频率曲线图。由暴雨（洪水）资料可自动得出本次暴雨是多少年一遇，其操作全部在图上完成。⑥降雨径流经验相关图。制作经验相关图，由前期土壤含水量作为参数得到相关关系并以图形化的方式表现出来。用户可以通过在图上（或直接输入参数）调整参数值得到理想结果。

（3）防汛信息制作管理显示。①防汛概况。在电子地图的基础上，采用多媒体技术对防汛的主要情况进行介绍，重点介绍历史洪水、防洪工程、水利工程、水利建设成就等基本情况。通过声音、照片、录相、三维动画等多媒体手段在电子地图上进行交互查询，对防汛形势进行分析和介绍。②防汛现场图像管理显示。通过多种手段，如录像机、数码相机等设备，将现场的一些特征场景传送到防汛指挥部中心，为领导决策提供直观的现场资料。

（4）预案情势显示。①天气形势分析结果，查询气象部门所提供的卫星云图、天气实况、雷达测预资料、数值预报结果。②水文预报分析结果，查询水文预测、预报及调度演算的结果。③防洪调度信息，查询防洪调度方案集，主要包括调度条件、调度结果、工程状况及风险分析。

（5）灾情评估分析结果。灾情及灾情评估以及受灾地区的社会经济信息、地理信息为支持，对实时灾情位置、状况做出的分析处理的结果。

（6）动态显示。根据雨水雨情的实况、洪水预报及未来天气的变化趋势，按照洪水调度方案，二维或三维动态显示行蓄洪区的洪水发展情势，以及水库、闸坝、堤防等工程的实时防汛情势的媒体播放。

（7）会商文件生成。防汛会商提供了一个信息化平台，它能够把会商前后所需要的防洪形势分析和调度预案等汇总起来，并在会商汇报时，能以图、文、声并茂的方式输出。概括地讲，会商过程产生两类结果，一类是会商程序性文档。程序性文档主要包括以下内容：①会商时间；②主要参加人员；③会商主题；④主要会商意见；⑤决策指令。技术性文档指会商最终确定的预测预报调度方案，该方案应存档备查。

（8）气象分析成果。本模块提供历史和实时的卫星云图、雷达回波图、来自气象部门的天气预报以及降水数值预报成果等信息。

（9）水雨情分析成果。对实时和历史的水雨情进行分析比较，提供暴雨中心区和水位超高报警的动态信息，实时统计时段水雨情信息。

（10）洪水预报成果。通过水文模型的分析计算，给出洪水预报成果，可以根据假设条件或历史洪水数据实时计算洪水发展趋势。

（11）工程运用情况。显示各防洪工程的运用调度情况，能够在电子地图上查询每个工程的工程资料和实时水雨情、运用调度情况。

（12）调度方案及灾情分析。本模块可以查询各主要防洪工程的调度预案以及已经采取的调度方案，可以根据洪水预报成果进行调度方案分析比较，可以对已经发生的灾情进行评估，对灾情的发展进行预测分析。

（13）调度命令/调度请示。能够编辑、发布、管理汛情通报，能发布调度命令和调度请示。

（14）会商纪要。本模块能够对会商人员的姓名、防汛职责、决策中的作用、决策的意见进行记录和整理，形成标准文档。

（15）会商文档管理。对会商过程中的各种文件、决议、调度方案、调度命令等资料进行统一管理。

第二节　汾河水库水情自动测报系统的开发

一、水库流域概况

汾河水库上游位于东径 111°21′～112°27′、北纬 37°51′～38°59′，流域长 126 km、宽 93 km，面积 5 253.6 km²，占汾河流域面积 3.95 万 km² 的 13.3%，占上游 4 县总面积的 78.6%。水库上游北与桑干河、东与滹沱河为邻，以云中山为分水岭；西与岚漪河、蔚汾河、湫水河、三川河毗邻，以吕梁山为分水岭；南接水库下游策马峡谷。汾河源于管涔山，流向自北向南，中部为宁静向斜谷地，向斜西翼是以花岗岩、变质岩、灰岩、砂岩为主的管涔山脉，向斜东翼为云中山脉，组成岩性与西翼相似；南部西侧为混合花岗片麻岩组成的关帝山脉,东北部分水岭地区由于地质构造形成一群山顶湖泊;向斜谷地中区,沉积了深厚的第三纪红土与第四纪黄土,受水蚀和重力侵蚀作用,形成了侵蚀地貌景观,沟梁相间,沟深坡陡,地形破碎,沟壑面积占总面积的44%。

根据资料统计,汾河水库上游在1959~1987年的29年中,年平均来沙量1 408万t,汛期平均来沙量1 204万t,占全年来沙量的85.5%。29年中年均径流量3.76亿 m^3,汛期平均径流量2.39亿 m^3,占全年径流量的63.5%;年均降水量481.5 mm,汛期平均降水量298.4 mm,汛期降水量占全年降水量的62%。

流域内历史上曾有茂密的森林覆盖。据考证,唐代以前汾河之水清澈见底,到明代中期以后,上游森林遭到几代连续破坏,汾河变成"太行西半浊汾流",汾河水库上游只剩下零散的梢林。虽然经过近50年的营林建设,少量森林得到恢复,但植被覆盖率仍很低。乔木主要分布在流域上游云顶山、棋盘山、大万山、野鸡山等土石山区,以天然针叶林为主,优势树种有油松、落叶松、云杉、桦树等;人工林多分布在沟道及土石山区的阴坡,树种以油松、落叶松、杨、柳为主。灌木多分布在中游砂页岩山坳和土石山地上,主要树种有沙棘、黄刺玫、毛榛等,阴坡覆盖度60%~70%,阳坡不足50%。草本植物分布在中下游两侧山坡及沟谷的灌木下层,主要有狗尾草、白草等。

该流域属北温带半干旱季风气候区,春季干旱缺雨,夏季短暂、热量不足,秋季低温霜冻早,冬季漫长、严寒、雪少。多年平均气温6.3 ℃,最高和最低温度均出现在河川阶地区,最高36.4 ℃,最低−30.5 ℃。年气温日较差10.6 ℃,作物生长季气温日较差10.8 ℃,≥10 ℃积温在2 208~2 832 ℃。年平均相对湿度65%左右,变化幅度在55%~70%。年均日照时间2 861 h,4~9月作物生长季日照为1 528 h,占年日照时数的53.5%。年均蒸发量1 812.6 mm,无霜期110~150 d,土石山区较短。

汾河水库是山西省最大的水库,位于汾河干流上游,地处娄烦县杜交曲镇下石家庄村北,上距汾河发源地管涔山122 km,下距省会太原市83 km,控制流域面积5 268 km^2。水库1958年建设,1961年运行,设计总库容7.21亿 m^3,最大回水长度18 km,最大回水面积32 km^2。是一座以防洪、灌溉为主,兼顾发电、养鱼的大(2)型水利枢纽。设计标准为100年一遇洪水设计,2 000年一遇洪水校核。工程由大坝、溢洪道、泄洪排沙洞、输水洞和水电站五部分组成,枢纽平面布置图如图3-4所示。

大坝坝高61.4 m,坝顶高程1 131.4 m(大沽高程系),坝顶宽6 m、长1 002 m,目前是世界上最高的人工水中填黄土均质坝;溢洪道位于右岸,总长345 m,堰顶高程1 122 m,净宽24 m,堰型为开敞式实用断面堰,设两扇7 m×12 m弧形钢闸门,最大泄量1 298 m^3/s;泄洪洞洞径8 m,总长1 050 m,进口高程1 086.2 m,出口高程1 072.18 m,进口设4.872 m×8.1 m的两扇平板事故钢闸门,出口设7 m×6.5 m的一扇弧形钢闸门,最大泄量820 m^3/s;输水洞位于大坝右岸,进口高程1 089.4 m,出口高程1 071.8 m,洞径4 m,长598 m,出口设有3.6 m×3.6 m弧形钢闸门,最大泄量116 m^3/s,系挑流消能。水电站为坝后引水式季节性电站,装机容量为2×6 500 kW。

二、系统结构

整个系统的开发与集成采用C/S(客户服务器)的方式进行,因此系统软件各子系统

图 3-4　汾河水库大坝平面布置

的开发均是围绕网络数据库进行,对整个系统的分解可分成如下五个子系统(见图 3-5):

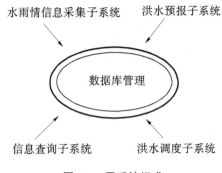

图 3-5　子系统组成

(1)数据库及数据库管理子系统。主要是解决数据库库表结构的设计、水库库码、水文站和雨量站的数码管理、水雨情信息输入与输出管理及水文资料信息的整编与处理等问题。

(2)水雨情信息采集子系统。是解决水雨情信息的自动采集问题以及按照规范要求将采集的信息写入到数据库中,该子系统是整个系统软件能够进行工作的基础。

(3)洪水预报子系统。洪水预报,主要是根据采集的实时雨量、蒸发、水位等资料,对未来将发生的洪水做出洪水总量、洪峰发生时间等情况的预测;还可与气象预报结果相连接,据未来的可能雨情变化,做出洪水变化的趋势预测分析;为了给会商调度提供更多的信息,还可进行人工干预洪水预报作业。

(4)洪水调度子系统。据洪水预报的结果进行防洪形势分析,据水库、坝下防洪关键点与库内淹没区的水情、工况和社会经济状况,据不同控制模式,生成洪水调度预案系列;对预案进行效益分析、评价与推荐。

(5)信息查询与报表输出子系统。信息查询主要是对历史、当前、未来的水雨情、洪水、气象信息、水利工程状况,作时空多方位的监测信息查询,给用户和各级防汛部门及时提供与汛情有关的多种信息;为了防汛需要和用户使用方便,还可编制专门软件,对各种信息进行分析和综合,以提供给用户各种综合信息(如水文特征值、降雨频率、洪峰频率、洪量频率、水情预测结果、洪水调度结果、未来调度预案等)查询的功能。同时可将查询的信息以报表的形式输出。

三、系统流程

(一)系统软件的信息流程

信息流程控制的合理与否是整个系统软件集成成功的关键,各子系统间的信息交换式通过网络数据库进行。为提高系统的运行效率,除了实测水雨情工情信息外,各子系统间的信息交换要求做到高效简捷,这就要求数据库库表结构设计合理。图 3-6 为系统信息的流程示意图。

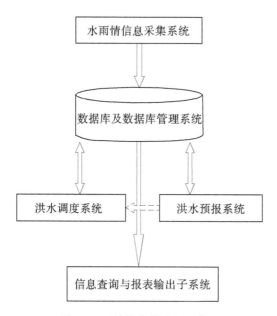

图 3-6　系统信息的流程示意图

(二)系统软件的应用流程

系统内各子系统间的流动是多向的,在每个子系统内均设计了交互界面以反映应用人员在系统应用过程中的主观能动性。图 3-7 为系统软件的应用流程。

四、系统设计

(一)设计目标

系统设计的基本原则与要求是:既要满足设计依据的规定,又要反映用户的特点,满足用户要求,充分发挥非工程措施的防洪效益。具体为:

(1)水库洪水调度的系统设计开发要遵循"先进、全面、实用、可靠、标准化和可扩展"的原则。

(2)先进,就是系统涉及的有关技术要先进。这包括系统专业技术、软件编程和系统集成技术等。

(3)全面,指系统包含的功能要全面,能包含各种系统不同特点的要求。

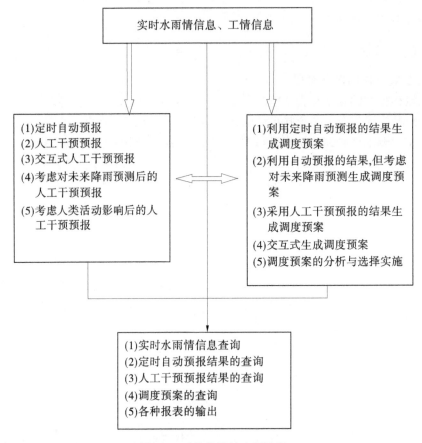

图3-7 系统软件的应用流程

（4）实用：要反映用户特点，满足用户要求，能在实际中发挥作用。

（5）可靠，指系统所使用的技术要是实践中通过检验证明的可靠技术，系统所要求指标要能保证达到，系统软件的使用运行稳定可靠。

（6）标准化，系统结构设计、功能开发和软件编程等标准化和通用化，具有二次开发功能。

（7）可扩展，主要是软件功能上要具有可扩展性。

（8）水库洪水调度系统结构、数据库、功能、界面、编程语言、操作系统与运行环境等标准应与"国家防汛指挥系统工程"设计开发基本要求相一致，技术要求应能满足《水文自动测报系统技术规范》（SL 61—2003）、《水文情报预报规范》（SL 250—2000）等规范要求。

（9）要做到程序模块化、接口标准化、界面清晰友好、连接方便畅通，既可单独运行，又可有效集成于大系统中。

（10）要有独立的数据库，并且库中数据要具有在上下级系统间双向流动的功能。

（11）人机交互式系统运行的基本方式，要求人机交互界面友好，操作方便灵活，能适应不同层次的要求。

（12）系统结合气象预报产品应用系统预留信息输入接口，为防洪调度会商预留输出接口。

(二) 水库洪水调度系统的功能模块

①信息采集处理及查询；②洪水预报；③防洪形势分析；④调度方案制订与方针；⑤调度方案评价；⑥洪水预报与调度成果及其信息管理；⑦数据库及系统管理。

(三) 系统运行环境

采用客户/服务网络结构，服务器操作系统采用 Windows NT Server4.0、工作站操作系统采用 Windows NT Workstation4.0 或 Windows 95/98；用数据库采用 MS-SQL Server6.5（或 7.0）网络数据库或其他支持 ODBC 标准的网络数据库。

第三节　汾河水库水雨情信息采集子系统

一、汾河水库及水情测报系统遥测站网布设

在建立水情自动测报系统之前，首先要考虑这样的问题：该建立怎样的一个通信站网？遥测站如何布设？这就要对流域进行站网布设论证，即优化站网布设，使不同职能的基本站点，不论在数量、空间分布、相互搭配上以及观测时限、观测手段和信息传递上，都能以最小的投资、最高的效率，收集质量合格的水文资料，为水库防汛调度服务。因此，建立水情自动测报系统一定要做好站网布设论证。其实质是要在保证洪水预报精度的前提下，以最经济的系统规模和投资来布设遥测站点。

(一) 站网布设的原则和技术指标要求

根据水情自动测报系统实际情况，水情测报系统站网规划的技术指标要求为：数据的传输误码率应小于 10^{-4}；无线电信道的传输速率不超过 300 bit/s；建设水情自动测报系统时，须进行现场无线电测试工作；设计站网应避免同频干扰、越站干扰；遥测设备的工作频率应符合无线电管理委员会的规定；选择遥测设备应满足功耗低、抗雷击、抗干扰能力强、可靠性高，遥测设备的测量精度应满足规范要求。

(二) 站网布设论证

在论证工作之前，首先了解汾河流域的水文特性、汾河水库的运行特性，以及流域内原有水位站、雨量站建站的历史、报汛时段、通信条件、交通条件等情况；分析原有站网的运行历史和现状。初步摸清站点的基本情况后，再进行水位站和雨量站的站网论证。汾河头水库站网如图 3-8 所示。

1. 雨量站的布设论证

现有的站点布设，已经经历了多年的防汛实践考验，总的来说具有较好的代表性，但在某些地方，也存在着一些不合理的分布，如疏密不均、暴雨中心控制不理想等。在布设论证时，针对具体情况具体分析，使雨量站点布设得合理、经济。这一步的工作简单地讲，就是使合理的点雨量来真实地反映流域的面雨量，为水库洪水预报服务。开发中采用抽站法进行雨量站论证，根据坝址以上流域水系的分布特征，在符合精度要求的条件下，采用选用站的雨量资料进行流域产流计算，这样避免导致太大的误差。从原有站数计算的

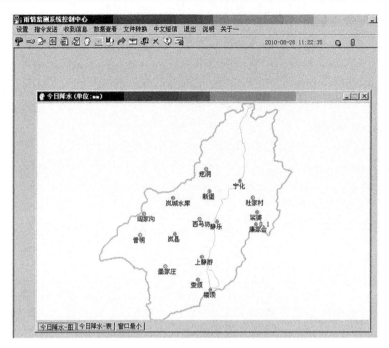

图 3-8　汾河水库雨量站网

各场暴雨面雨量与选用站数计算的相应面雨量对比计算,其相对误差的均值均小于 5%,符合规范要求。

2. 水位站的布设论证

首先根据汾河水库流域内原有或拟建水位站的控制面积、河道长度、河道汇流时间、各水位站间的洪水传播时间等基本特征进行规划设计,水位站的论证和选择按照常规从水位站的功能和特点来分析。

水库坝上、坝下水位站:汾河水库坝上、坝下水位是水库最重要的水情信息,它是水库防洪、发电的重要依据,用以反映水库的库容变化。

库区水位站:库区水位站是为了对库区水位进行实时监测,以反映库区水面及库容的真实变化,它对水库上游防汛、水库兴利调度具有重大作用。可反映出水库动库容的变化、回水影响。对于汾河水库的水情自动测报系统有坝上、坝下水位站就可以达到目的,所以通过对该系统的经济评价,可不设库区水位站。

水库入库站:可以提供主要河道的来水过程,掌握洪峰、洪量的大小,为水库防汛发电调度做好准备,以利于工程的安全运行。考虑到该水库已经建设了坝上水文站,可反推入库洪量,并且通过洪水预报可以计算出入库洪峰、洪量,故忽略水库入库站。

主河道控制站:控制流域的大部分面积和大部分来水,特别是以河道汇流为主的流域,主河道水位站出现的洪水将全部进入水库。同时,在实时洪水预报与调度系统中,也要求这些主要来水河段采集水位流量信息,以便对预报模型计算的误差给予自上而下逐河段、逐时段实时反馈修正,使发布的预报信息更加精确可信,水库调度更加正确合理。

在水情测报系统中,遥测水位站尽可能与遥测雨量站结合,也就是说,遥测水位站最好建有遥测雨量站,这样可以节约投资。本着既要科学合理,又要经济实用的原则,在汾河头水库中,本书通过抽站法和单元分块对站网进行优化论证,最终确定汾河水库流域内建设的遥测雨量站和水位站。各测站采集数据类型见表3-1。

表3-1　各测站采集数据类型

站名	自报数据类型	人工置数数据类型
宁化堡	雨量	蒸发量
静乐	雨量、水位	蒸发量
汾河水库	雨量、中心、水位	进库流量、蒸发量
上明	雨量	蒸发量
堂儿上	雨量	蒸发量
西马坊	雨量	蒸发量
娑婆	雨量	蒸发量
康家会	雨量	蒸发量
阎家沟	雨量	蒸发量
普明	雨量	蒸发量
岚县	雨量	蒸发量
岚城	雨量	蒸发量
上静游	雨量、水位	进库流量、蒸发量
娄烦	雨量	蒸发量
岚县	雨量	蒸发量
杜家河	雨量	蒸发量

二、汾河水库水情自动测报系统通信方式的确定

汾河水库水情自动测报系统是一个包括通信、计算机、遥测和水文在内的多学科综合系统,是水利工程防洪、优化调度的必要手段。系统的通信设计至关重要,须满足以下要求:

(1)通信电路的质量应满足水情预报的要求,保证在90%时间内数据误码率不大于10^{-4}。

(2)通信方式的选择应切合实际、技术先进、经济可靠。

(3)通信组网应满足水情预报的要求,遥测水文(水位)站不变,遥测雨量站尽量少变。

(4)通信组网应进行多方案技术经济比较。

(5)通信频率的选择应遵循无委会的有关规定。

(6)系统便于建设、维护。

通信方式的确定是通信设计的关键,它将直接影响到水情测报的可靠性和经济性。

通信方式选择应根据水情预报站网规划,结合流域内地形交通等条件,对各种通信方式进行多方案技术经济比较,水情自动测报系统最终采用的通信方式是 GSM 通信,见图 3-9。

图 3-9　汾河水库水情自动测报系统网络

三、水情自动测报系统设备硬件选型

目前常用的水位传感器包括非接触超声波水位传感器、浮子式水位传感器、压力式水位传感器等。根据工作原理的不同,水位传感器适用于不同的流域特征,浮子式水位传感器主要用于感测天然水体水位的变化,同时适合于江河、湖泊、水库、河口、渠道、船闸、地下水以及各种水工建筑物处的水位测量;压力式水位传感器用于非常低的流体压力测量,例如井中地下水位变化、河流的水位、量水堰、测流槽等。

(一)硬件系统功能

水雨情自动测报系统主要功能如下:在水库流域内形成一个能遥测流域降雨时空分布特性的遥测信息采集网络,利用各种通信方式实时地自动完成流域内水雨情雨情信息采集并传输到中心站,同时将采集水雨情雨情信息通过局域网络存入数据库。具体功能如下:

(1)系统能够长期特别是在暴雨、洪水等恶劣天气条件下可靠稳定地工作。

(2)系统中各设备复合结构简单、可靠、低功耗的原则,有防雷措施,自动测报站可在无人值守有人看护的条件下工作。

(3)自动测报站能在环境温度−10~50 ℃及相对湿度95%的条件下工作,通信线路畅通率大于95%。

(4)汾河水库管理局中心站后台微机实时接收水雨情数据,并对这些数据进行检索、修改、现实、打印,建立汾河水库水雨情数据库,将收到的数据存储到水雨情数据库中,当电网断电时,利用 UPS 电源数据处理设备能连续工作 4 h 以上。

(5)要求测站具有自记(固态存储)功能和现场显示、现场设置功能,自记的数据加时标,符合水位系统资料整编的要求。

(6)中心站不仅可以自动接收水雨情数据,也可以向测站发送读取时段数据的命令,直接提取测站存储的相应水雨情数据。

(7)系统具有雨量、水位、电压告警功能。

(8)系统具备一种以上通信方式,实现主通信信道与备用通信信道的结合。

(9)当雨量水位无变化时,测站每隔 6 h 向中心站发送一次数据,以确定系统是否正常。

在大量调研和各种监测指标比较的基础上,通过技术和经济比较确定的系统设备硬件设备综述如下。

1.遥测站的数传仪(RTU)基本结构及组成

遥测站 RTU 由硬件结构及软件结构两部分组成,由中国水利水电科学研究院研制,现场安装图见图 3-10。RTU 是用来发送遥测数据,遥测站数传终端机具有模块化结构的完善软件,以实现数传终端的各种基本功能和灵活的多功能扩展配置能力,并完成终端设备的自保护、自检测、故障自排和自恢复正常运行。

图 3-10　数传仪(RTU)外观

2.GDT-2 型自动雨量站

采用 GDT-2 型自动雨量站,设备结构见图 3-11,技术指标如下:

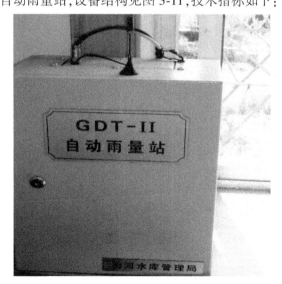

图 3-11　GDT-2 型自动雨量站

● 承雨口内径: $\phi 200+0.60$,外刃口角度 $45°$;
● 仪器分辨力: 0.5 mm;
● 降雨强度测量范围: $0.01 \sim 4$ mm/min;
● 计量误差: $\leqslant \pm 4\%$(在 $0.01 \sim 4$ mm/min 雨强范围)。

3. 水位传感器

采用电容式水位传感器,由正、负两个极板组成,利用水的导电性能将水作为电容其中一个极板,板间距与板间正对面积跟电容的变化有一定的关系,如图 3-12 所示。

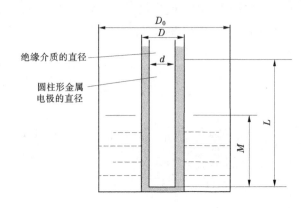

绝缘介质的直径

圆柱形金属
电极的直径

图 3-12　电容式水位传感器

(二)遥测站简介

遥测站的硬件部分由以下几个主要部件组成:

(1)单片机测控系统(包括超短波通信方式下的调制解调器)。完成对水情信号的采集、预处理及信令信息接收(应答式体制时具有)和发送等测控功能。

(2)通信机。完成无线电发射功能及接收功能(应答式体制时具有)。

(3)供电部分(包括太阳能电池和蓄电池组等)。供给单片机及电台等组件的用电。

汾河水库遥测站的设备外形结构形式有两种:一种是箱式结构,电台和控制板安装在箱内,箱体较小,可以壁挂,也可以台面放置。遥测站的其余器件,如太阳能光板、蓄电池组、传感器及天线等都是另行布放,它们之间用电线连接,这种结构的遥测站需要建房和另行架设天线,所以一般又称其为房式遥测站。另一种遥测站设备外形组装成筒式结构,整个遥测站设备都安装在大筒的内外,太阳能光板和天线架设在高强度铝合金大筒外壁上,大筒内的底部放置另一个密封铝合金仪器筒,仪器筒内安装有单片机控制电路板、电台、蓄电池等;大筒的顶层则安放雨量计。因此,整个设备一体化(大筒竖立,其底部 50 cm 埋于地下,用混凝土固结),这种筒式结构具有双屏蔽作用,有良好的防雷电及防电磁干扰的性能。

完整的遥测站由数传仪(RTU)、雨量传感器、系统的硬件由水位、雨量、蒸发量传感器、GSM 通信模块、备用 PSTN 信道及采集终端等 4 部分组成,系统硬件组成如图 3-13 所示,雨量遥测站拓扑图见图 3-14,雨量水位遥测站拓扑图见图 3-15。

(三)中继站

中继站由全向接收天线、定向发射天线、高频馈线、UPS 电源、蓄电池、存储再生中继

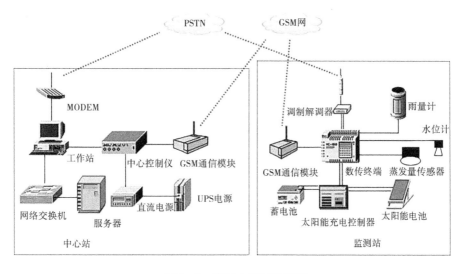

图 3-13 汾河水库通信网络

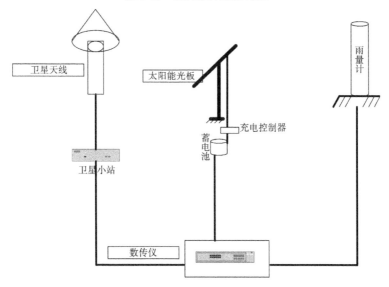

图 3-14 雨量遥测站拓扑

机等组成。中继站拓扑图见图 3-16。

中继机设备全部由控制主板的 CPU 控制,在没有射频信号输入时,中继机处于静态守候状态;当中继机接收到测站射频信号时,先将数据存储起来,CPU 唤醒相应电路,收信机将解调的 FSK 信号输入控制主板,进行协议检查后存入 RAM,同时启动信号发射机在本机时钟作用下读出并整形,再经 FSK 调制后送到发信机输出,调制输出时将自动设成相应正确的波特率(传号/空号频率)自动转发,最后,完成再生转发任务。对于与协议不同的信号,主机板对其进行干扰信号处理,不存储、不转发。

中继站设在山头高处,相比遥测站来说更易遭遇雷击,为削减天馈系统引入的雷电干扰,避雷针的高度要保证天线和站房在其避雷保护角的范围之内。与地网焊接牢靠,采用环形均衡电位地网,接地电阻小于等于 10 Ω,天馈线之间串接同轴避雷器。中继站功能

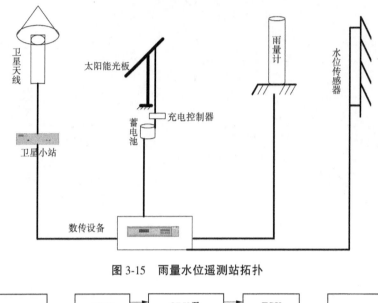

图 3-15　雨量水位遥测站拓扑

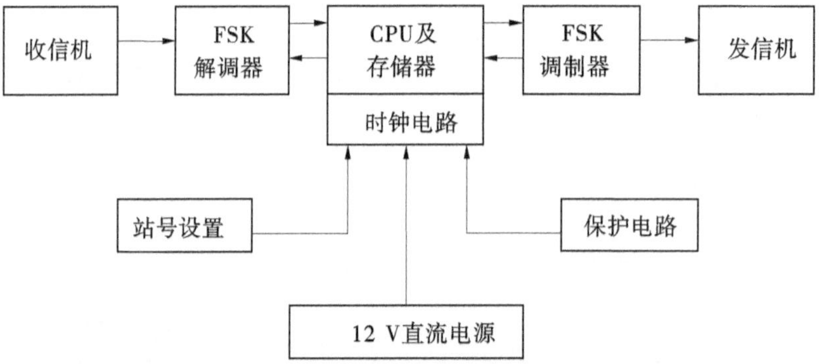

图 3-16　中继站拓扑图

如下:①实时接收数据、检错、再生重发。②信道占用时限。连续发信 105 以上时,自动切除。③定时自检。每隔一段时间,设备自检并发送状态信号。④低压告警。当电压低于 1.08 V 时,自动报警。

(四)中心站设备组成

遥测水情数据的最终目的是依据遥测水情信息做出洪水预报,担任这项任务的是水情测报系统的中心站。

1.中心站的基本功能如下

1)实时数据接收功能

自报式体制下的中心站,其前置机主要完成实时值守接收任务,具体功能包括:

(1)完成实时接收遥测水文数据,进行解码纠错、数据合理性检测,对接收的数据加注时间,存入水文数据库等各项数据预处理。

(2)进行水文数据库操作,实现数据检查、查询、统计、显示和打印功能。

(3)一般应具有水文信息报警和提示功能。

(4)实时值守的前置机在收到后台主机要求送数的信令后向主机传送水文数据供上

网接口,进行网上连接,进行数据交换。

(5)实时数据的监视功能。对其接收或发送的数据及全系统运行状况进行实时监视。

应答式体制下的前置机与自报式功能大致相同,但它是按定时或随机向下发布要数信令的方式进行水情数据召测,可以进行巡检群呼和单呼两种信令方式向遥测站要数。

2)洪水预报调度功能

中心站的后台主机主要完成预报调度功能,其具体功能包括:

(1)根据率定的水文模型进行流域的产流、汇流和洪水演进计算修正,发布水文预报。

(2)按水库泄洪闸孔情况提供水利优化调度方案。

(3)建立本水库的历史水文数据库,保存水文数据资料。后台主机也可以进行水文数据的报表输出,实现数据检查、查询、统计、显示和打印功能。自报和应答两种体制下的洪水预报调度功能是完全相同的。

2. 数据共享

在建有计算机通信网的情况下,系统的调度中心一方面可以给系统内其他监控系统和管理信息系统及向一级或其他防汛单位的计算机系统提供水情信息和洪水预报结果;另一方面它也可向这些计算机系统提取所需要的数据信息。这项任务可以是由主机来承担,也可以由前置机来完成。自报和应答两种系统体制下的水情自动测报系统都可实现这一任务。

3. 中心站的结构

汾河水库水情自动测报目前还只是单一系统,由前置机和后台机两个独立部分组成的调度中心站不与外界联系,独自成为一个封闭单元。近几年来,由于建立的测报系统日益增多,随着计算机技术特别是计算机网络技术的发展,要求水情自动测报作为一个开放的系统,首先与系统内的其他监控计算机系统和管理信息系统联网,进行信息交换,进而要求与上级或其他相关防汛调度系统进行信息传输、资源共享。

1)中心站的计算机网络

通过计算机通信技术把多台计算机相互连接起来形成计算机网络,最大限度地利用计算机资源,实现资源共享。

2)中心站的硬件配置

中心站的硬件设备主要包括前置机、后台机、天线、避雷器、电台、调制解调器、打印机、绘图仪、大屏幕显示器及隔离变压器、交流稳压器、不间断电源(UPS)等。中心站设备连接见图3-17。

3)中心站软件平台

汾河水库中心站软件特点如下:

(1)配合硬件设备应能满足水情自动测报的各项规定任务。

(2)良好的开放性,采用国内主流技术和平台,使系统具有良好的兼容性。

(3)有良好的可扩展性,以适应系统规模的不断扩大,为接入新的系统提供接口。

(4)软件系统的结构、数据库、功能、界面、编程语言、操作系统与运行环境等应与"国

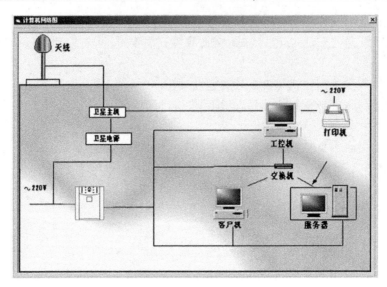

图 3-17　中心站计算机网络

家防汛指挥系统工程"设计开发和《电力系统水调自动化功能规范》基本要求相一致。

（5）程序模块化、接口标准化、界面清晰友好、连接方便通畅，既可单独运行，又可有效集成于大系统中；程序简洁，系统的开发采用类似于 Microsoft 公司的"视窗式"的方法。实时雨水情数据的表示尽量采用图形方式，一目了然；设计的软件系统符合汾河水库流域特性、雨洪特性及工程特性，以满足防汛预报的实际需要。

（6）对洪水预报来讲，既要增长有效预见期，以利于防汛工作的主动；又要努力提高预报精度（包括一次洪水过程的预报），以利于避免防汛工作的失误。

中心站计算机网络采用局域网系统，该水情测报系统采用自报式体制，中心站包括前置机、工作站和服务器。前置机主要是接收和处理数据，并把数据以共享的方式提供给工作站进行洪水预报，服务器主要是存储和管理数据。工作站安装有洪水预报软件，通过读取前置机的实时数据进行实时洪水预报。

四、汾河水库数据采集软件开发

本系统的主要目是通过传感器将水位和雨量信息送到 PC 机上，PC 机在接收到该信息后，将水位和雨量信息经过数据处理后存入本地数据库，再通过本软件对数据进行加工、整理，制作出相应的报表及图形。采集软件主界面如图 3-18 所示。

（一）结构功能设计

水情自动测报系统的所有遥测数据由前置机（工业控制微机）实时收集后，中心站软件对数据进行解码、纠错、合理性检测后，以开放式数据库的形式存储，以供查询、统计、显示和打印使用，最终通过共享方式提供给洪水预报软件。

数据采集软件结构功能如图 3-19 所示。

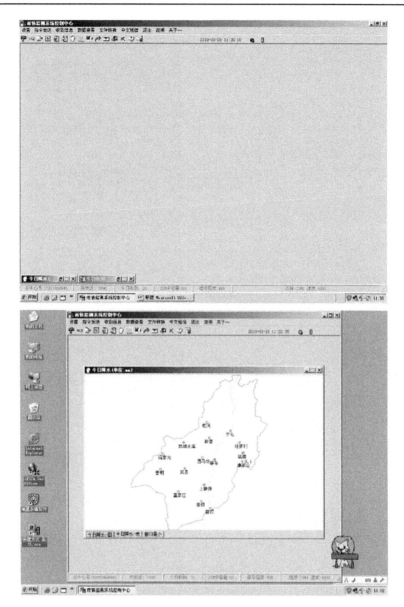

图 3-18　采集软件主界面

(二)数据采集软件的功能说明

1.系统参数设置

首先要输入测站的情况,包括站号、站名、属性,水位数据(须输入水位计类型)、水位基值,卫星通信则输入 C 站 MOBILE 号。以上输入完毕,按"新增测站",下方表格里将显示,依次类推,输入各测站。

系统口令设置如图 3-20、图 3-21 所示。

2.系统通信

单击"通信",画面将出现图 3-22 所示对话框。

"通信数据"框内显示未经处理的原始信息,下面表格显示经过处理分类的数据。按

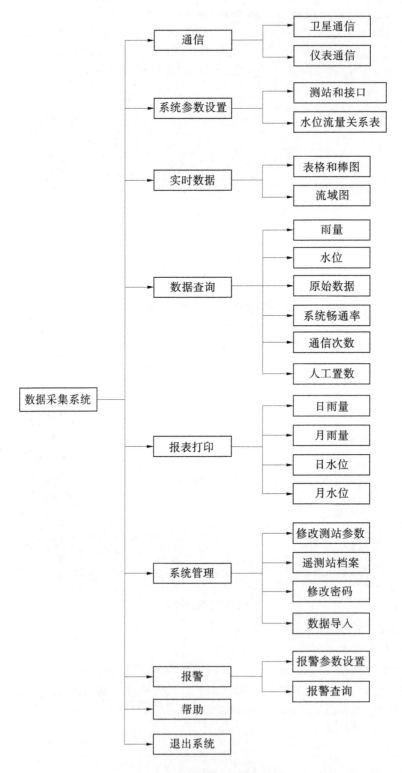

图 3-19　数据采集软件结构功能

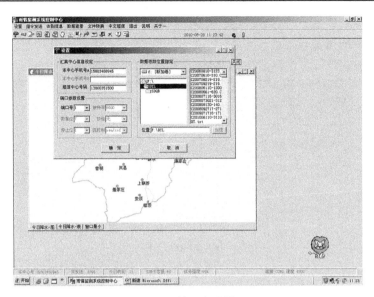

图 3-20 系统口令设置(一)

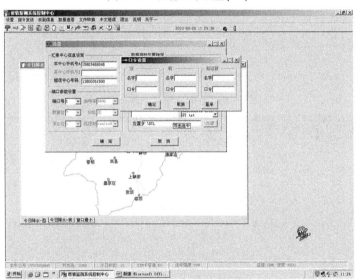

图 3-21 系统口令设置(二)

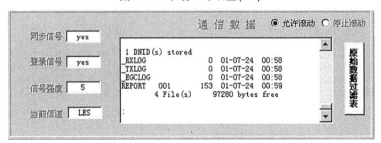

图 3-22 通信数据对话框

"原始数据过滤表"后,变为"原始数据表",两者可相互转化("原始数据过滤表"显示的数据为未经处理的数据。"原始数据表"显示的数据为经过处理的数据,即经过合理性效验)。通过此界面,可监控通信状态。

手机短信发送及设置主界面如图 3-23、图 3-24 所示。

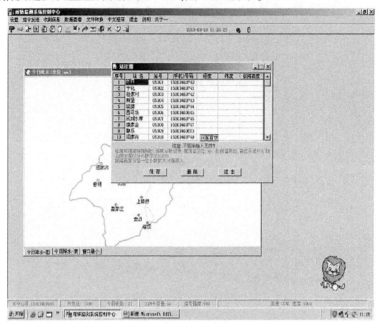

图 3-23　手机短信发送主界面

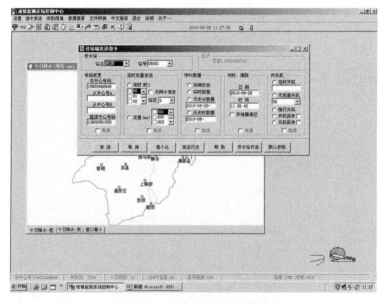

图 3-24　手机短信设置主界面

3. 实时数据

"实时数据",包括"表格和流域图"选项。按"表格"进入表格,按"流域图"进入系统流域图,如图 3-25 所示。

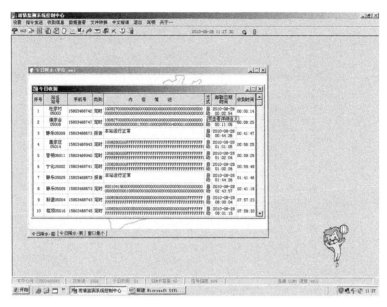

图 3-25 进入系统流域图界面

"时段选择"可选择 1 小时、3 小时、6 小时。表格下面,"总降雨量"表示所有测站实时雨量之和;"平均雨量"表示整个流域的面平均雨量(加权平均);"最大降雨量"表示单个测站的最大降雨量;"最小降雨量"表示单个测站的最小降雨量。功能界面如图 3-26所示。

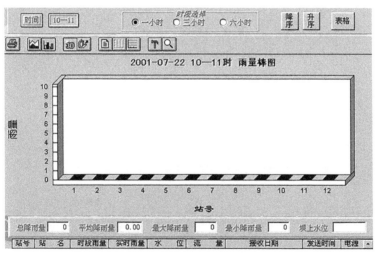

图 3-26 时段选择功能界面

通过图下的横向滚动条,可查看各站,图形可在三维和平面间切换。

4. 数据查询

"数据查询"可分为雨量、水位、原始数据、通信次数、人工置数。如雨量查询。单击下拉菜单中的"雨量"后,雨量查询的界面将出现(见图 3-27)。

查询项目可按单站、多站,也可按时间或不同时段,而显示为表格;如安装了打印机,还可按此格式打印输出。

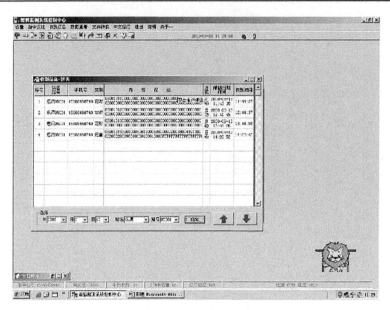

图 3-27 雨量查询界面

5.系统文件转换

遥测站档案在系统建成时按项填好,将存入数据库,系统管理用于修改测站参数、对测站的管理记录(见图 3-28)。

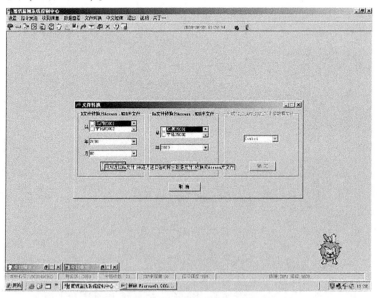

图 3-28 文件转换界面

6.打印

依次输入口令、工号及姓名,可按日雨量、日水位、月雨量、月水位分类打印(见图 3-29)。

7.数据库的基本结构

本系统的数据库的缺省名为"hpdb.mdb",在运行程序的当前目录下。该数据库可通

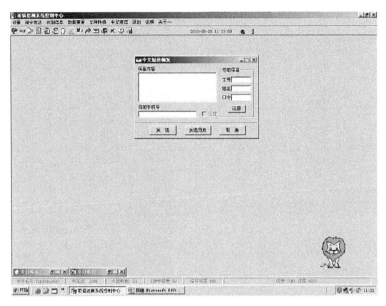

图 3-29 打印界面

过 Microsoft Access 打开。根据系统建设的需要,数据库中包含了几个数据表,如图 3-30 所示。

图 3-30 数据库结构

说明:测站参数表—记录各测站的参数;系统通信接口表—系统各项设置记录表;测站维修记录表—各测站的历史维修记录表;一、三、六小时实时数据表—相应时段实时数据表;原始数据表—未经合理性效验的数据表;原始数据过滤表—经过合理性效验的数据表;一、三、六小时数据表—相应时段历史数据表;日、月雨量表—日雨量或月雨量历史数据表;水位数据表—以半小时为基准的水位历史数据表;测站月、年通信次数表—各测站月、年通信历史次数表;月雨量、日雨量、水位日报打印表—各类打印的临时数据表。

通过上述采集系统的运行,汾河水库近 3 年水情自动测报系统的降雨量采集成果见表 3-2。

表 3-2　上游各雨量站降雨量表
（设备型号：GTD-Ⅱ自动雨量站）

站名	2008 年						
	5	6	7	8	9	10	11
疙洞		57.4	25.3	140.6	90.4		
宁化		84.6	42.2	123.2	53.1		
杜家村		66.8	6.4	52.8	68.7		
新堡		79.1	40.8	172.8	95		
裴婆		32.5		13.9	56.6		
西马坊		64.3	7.1	50.1	12.2		
岚城水库		83.7	52.8	61.8	61.2		
康家会				58.6	52.5		
静乐		49.2	1				
阎家沟							
普明		48.1	0.5	34.7	81.8		
岚县		6.9		27.1			
上静游				0.6	1.5		
盖家庄		61.7	83.8	34.6	103.3		
娄烦		92.5	26.9	85.2	35.6		
楼顶		99.7	27.2	76.2	36.3		
站名	2009 年						
	5	6	7	8	9	10	11
疙洞	14.7	10.2	112.6	153.9	133.5	22.5	0.1
宁化	10.6	37.2	164.7	170.5	95.7	15.9	
杜家村	12.3	45.2	110.9	87.2	62.4	2.9	
新堡	11.1	52.4	156.8	188.3	150	37.4	
裴婆		11.8	83.6	96.6	85.1		
西马坊	16	41.6	84.9	12.7	9.2		
岚城水库		1	103.9	131.9	114	10.6	0.3
康家会		31	38.4	156.3	115.7		
静乐			56		43.2		
阎家沟		1	9	0.9			
普明	15.5	39.5	91.9	158.1	135.8	12	1.6
岚县			65.2	151.8	117.4	14.5	
上静游	5.9	28.1	117.4	120.7	43.8	5.4	
盖家庄	9.9	27.3	164.5	174.7	128.4	14.1	
娄烦	5.8	31.2	104.2	129.6	145.6	18.4	
楼顶	5.4	15.8	74.1	151.1	158.3	7.3	0.4

续表 3-2

站名	2010 年						
	5	6	7	8	9	10	11
疙洞		63.1	56.8				
宁化		41.5	37.1				
杜家村		20.1					
新堡		66.2	56.9				
裟婆		63.6	67.4				
西马坊		60.5	55				
岚城水库		51	100				
康家会		41	55.6				
静乐		5.4	1.8				
阎家沟		59.3	48.8				
普明		92.8	45.6				
岚县		84.1	74.6				
上静游		40.7	47.9				
盖家庄		69.2	75.7				
娄烦		25.3	70.4				
楼顶		44.2	43.6				

第四节　洪水预报子系统

一、关键技术

实时洪水预报系统在许多情形下需要自适应修正。例如，预报流域，有不断的人类活动，其长期的累积作用会给流域水文特征带来影响。当系统运行一段时间后，一般为 10 年左右，需要对模型参数进行修正；系统在运行过程中，会遇到种种非正常因素，如中心站设备或遥测系统设备故障等，破坏了洪水预报模型的运行环境，系统重新启动后，需多模型运行环境进行修复；还有些流域在建立洪水预报方案时，没有足够的历史水文资料率定模型参数，水文测报自动化系统运行后，随着水文资料的不断累积，模型参数须不断修正等。

洪水预报，由于受实际流域影响大，特别是对山区性小流域，洪水陡涨陡落，再加上实时系统众多误差信息的影响，难以获得高精度的预报结果，需要实时修正。以实时输入信息和历史信息为依据的联想记忆综合修正模式，方法有新意，使用有较好的效果。

洪水预报实时修正技术，研究方法很多，归纳起来，按修正内容划分，可分为模型误差修正、模型参数修正、模型输入修正和综合修正四类。模型误差修正，以自回归方法为典型，即据误差系列，建立自回归模型，再由实时误差，预报未来误差；模型参数修正，有参数状态方程修正，工业、国防自动控制中的自适应修正和卡尔门滤波修正等方法；模型输入修正，主要有滤波方法，典型的卡尔门滤波、维纳滤波等；综合修正方法，就是前三者的结合。这些修正方法的基本特点，都是以实时计算误差系列为基本信息依据的。

实时洪水预报系统,产生误差的原因很多,影响误差的机制非常复杂,模型计算实时误差系列,虽然包含了所有的误差信息,但由于能区分利用的信息量太小,不足以达到修正模型参数、输入误差等目的,尽管许多修正技术,如卡尔门滤波技术,设计思路很科学,设计结构也很精细,但用在水文预报中,往往效果与简单的自回归方法相近。

实时修正技术改进,传统的有修正方法的改进、修正内容的改进、实时修正信息利用量的扩大和利用技术的改进,是实时洪水预报修正技术的关键。传统的实时修正技术研究,主要着眼于修正方法和修正内容的改进,如修正技术,从简单的自回归模型到复杂的卡尔门滤波技术,修正内容从模型误差到模型参数、输入误差等,这些研究技术的改进,在工业自动控制、国防尖端科学中,都显示出了明显的效果,原因在于前者可利用的信息量比洪水预报实时修正的大。前者应用可利用的信息量大,简单技术部能充分利用,当修正技术结构复杂了,利用的信息量也增加了,修正效果就提高了,而洪水预报误差信息量,只够提供简单修正技术,或连简单修正方法所需的信息量也不够,对于复杂的修正技术,没能增加可利用实时信息量,修正效果自然也就不能提高。

实时洪水预报系统常见的误差主要有以下几类:

(1)设备故障,导致资料缺测或不合理的观测数据。实时洪水预报系统,有许多水位站和雨量站,在系统的运行过程中,常会遇到各种各样的故障,给实时洪水预报带来误差。这在任何水文遥测系统中都是存在的。

(2)水利工程、农田蓄放水误差。流域中,常有许多中小型水利工程,遇干旱、农业需水季节,放水灌溉,泄空库容,遇洪水,先拦蓄洪水,若长期洪水拦蓄不下,又大量放水泄洪,这一减一加,常给洪水预报带来大的误差,误差的大小取决于流域内中小型水利工程的多少,在干旱地区以中小水库为主,南方湿润地区除中小型水库、塘坝外,还有水田蓄泄作用,其影响也很大。

(3)流域水文规律的变化。主要由流域水文规律受气候条件和下垫面条件引起的改变而改变。如锋面雨引起的洪水特征与雷暴雨、台风雨引起的洪水特征差异,北方高寒地区融雪径流形成的洪水与暴雨型洪水的差异等,还有系统长期运行过程中,流域人类活动,如修建大型水库、水土保持治理、森林的大面积砍伐、开挖人工河渠等,长年累积作用,会给水文规律带来大的影响,这些变化也会给实时洪水预报带来一定的误差。

(4)水文规律简化误差,即模型结构误差。如产流机制简化,为蓄满产流、超渗产流,降雪作为降雨处理,农业活动作用的忽略等,所有的简化处理,都属于模型结构误差,当与实际出入大时,就会带来大的误差。

(5)雨量资料代表性误差和水文资料观测误差。

提到误差,许多人首先想到的就是随机性,这是常规的想法,是值得商榷的,这里要讨论的是误差的另一个特性,即相似性。在洪水预报误差分析中,常会发现许多洪水的误差是十分相似的。例如,台风雨或雷暴雨型洪水,常会导致预报洪峰偏小,长期干旱后的洪水径流量常估计偏大,而连续大洪水后又会使洪峰或径流量估计偏小,以及高强度降雨洪水峰量估计偏小、低强度洪水洪峰估计偏大等。虽然这些洪水发生在不同年份,但许多相同类型的洪水会有相似的误差特性,称为洪水预报误差的相似性。这种相似性虽然是客观存在的,也是由引起误差的因素相似性所决定的。

实时预报综合修正方法的基本思路是,充分利用实时遥测系统的实时信息和丰富的历史水文信息,把联想式实时修正方法与误差修正方法结合起来,提出一种综合性误差修正模式。

二、主要界面设计

洪水预报子系统见图3-31,界面提供用户进行洪水预报有关的信息交互。其主要内容包括:输入气象预报的或人工估计的未来降雨量,进行未来洪水的可能发展趋势预测;选择与当前洪水特点相近的历史洪水,用当前的洪水预报模型模拟历史洪水;历史洪水洪号输入、编辑与管理;观测水位订正、水库放水流量输入、水库入库和河道过水实际流量反推与修正;洪水预报结果、历史洪水情况、模型参数值和模型中间变量等查询;模型选择;模型中间变量修正;模型参数修正。

三、主要功能简介

(一)定时洪水预报

定时洪水预报指据定时遥测的水文数据,预报出未来一定时期内入库洪水总量、洪峰、峰现时间、入库洪水过程等。所谓定时,就是取固定的时间间隔。一般系统可取 1 h(也可以更短),系统每过 1 h,到每个准点时刻(如 0,1,2,…)就会自动做出实时洪水预报。系统实现这功能,不需要任何的人为操作,是全自动的。

(二)人工干预洪水估报

据实测的雨量和估计的未来降雨预报入库洪水。未来时期降雨估计,可据模型预报,也可据气象卫星云图或使用者的经验判断估计。

(三)模型中间变量初值估计

每个模型都有中间变量,在系统软件启动时,其中间变量的初值需要估计。在系统软件运行过程中,正常情况下随时间变化的中间变量模型软件会自动逐时段递推估计出并保存在计算机中。若遇非正常情况,如中心站计算机设备故障、遥测设备故障等原因使模型中间变量遭受破坏后,系统软件重新启动时,需重新估计模型中间变量初值。

(四)模型参数修正

就是在系统软件运行过程中,随着水文资料的累积,可以不断修正模型参数,使得系统软件应用时间越长,越能反映流域实际情况,使用效果越好。

(五)历史洪水模拟

用当前使用的预报模型和模型参数,对历史上洪水特点与当前洪水相近的洪水进行模拟,分析当前模型模拟历史洪水的效果,进而评估当前模型预报未来将发生洪水的可能效果和误差情况,以给决策者和洪水调度提供更多的参考信息。

(六)洪水预报信息查询与管理模块

洪水预报管理就是除以上模块外的一些内容。主要有:洪水预报结果查询;洪水预报软件运行信息管理;洪水预报模型评判与选择。其中洪水预报软件运行信息管理的作用,

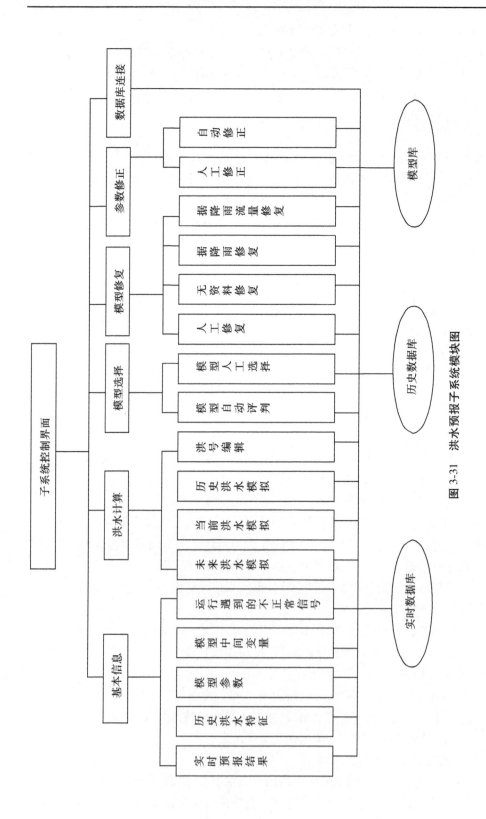

图 3-31　洪水预报子系统模块图

是系统软件在运行过程中,由于外部环境如雨量、蒸发、水位等资料的误差导致洪水预报不合理结果时,系统软件会自动记载这些信息,供用户事后分析原因参考。洪水预报模块中,编制了数个洪水预报模型,可供用户选择。应用过程中,用户怎样选择一个适合的模型呢? 这个功能可以在预报模型评判与选择中完成。

四、汾河水库洪水预报模型的优选及系统开发

(一)洪水预报软件系统的开发

多学科交叉渗透所形成的现代化洪水预报技术是洪水预报发展的总趋势。具体表现在如下几个方面:

(1)系统理论与系统辨识方法应用于洪水预报模型,为洪水预报提供新的方法和途径,系统模型更适合于联机洪水预报调度的自动化。

(2)遥测站网进一步优化,水情信息采集处理逐步实现自动化。快捷准确的水情信息不但可以提高预报精度,同时对洪水预报模型结构的改进以及参数的再率定起到重要的作用。

(3)洪水预报同气象预报相结合,可以增长洪水预报的预见期,提高预报精度。这是洪水预报系统发展的重要方向。

(4)通信技术、网络技术、计算机技术和信息处理技术应用于洪水预报,将水情信息的采集处理和传送、洪水预报模型的计算分析、预报结果的发布以及调度方案的自动生成等若干过程集成于强大的洪水预报调度系统之中。

(5)采用先进的图形交互、多媒体、地理信息系统、雷达测雨技术、遥感技术、大型数据库管理系统等技术,将专家知识、经验知识和决策知识融于一体的智能型决策支持系统是未来发展的重要方向。

(二)洪水预报模型的选择

根据汾河水库流域地形、地质、下垫面、水文气象等特性,该流域属于半湿润地区,故选用三水源新安江模型。

(三)新安江模型及其结构

新安江三水源模型在我国湿润和半湿润地区应用较为广泛,主要应用于日洪和场次洪水的模拟。它把流域分成许多块单元流域,对每个单元流域作产汇流计算,得出单元流域的出口流量过程。再进行出口以下的河道洪水演算,求得流域出口的流量过程。把每个单元流域的出流过程相加,就求得了流域出口的总出流过程。每个单元分别控制一个子流域,在每个子流域内按泰森多边形分块,为便于考虑降雨分布不均匀以及上下不同单元块洪水传播的影响,以一个雨量站为中心划一块。对于每一单元,应用三水源新安江模型作降雨、蒸发、土壤含水量、水源分配和消退、单元河网滞后演算以及河槽汇流等一系列分析计算。新安江模型的流程图见图3-32。图中在方框内写的是状态变量,方框外是模型参数。模型输入为实测雨量 P、实测水面蒸发 EM,输出为流域出口流量 Q、流域蒸散发 E。模型结构及计算方法可分为以下四大部分。

1.蒸散发原理

三水源新安江模型的蒸散发计算的前提假设:不考虑研究区域内土壤含水量在横向

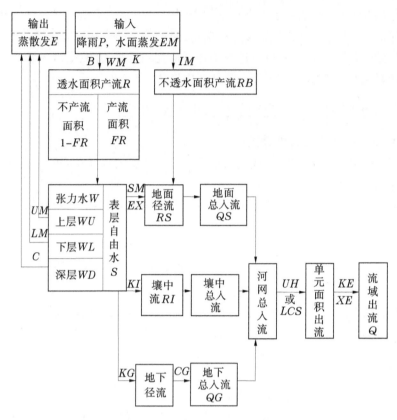

图 3-32　三水源新安江模型流程

分布上(面上)的不均匀性。其蒸发模式选用的是三层蒸发模式。

蒸散发的计算公式为：

$$W = WU + WL + WD$$
$$E = EU + EL + ED$$
$$E = KC \cdot EP \tag{3-1}$$

式中　W——总的张力水蓄量, mm;

　　　WU——上层张力水蓄量, mm;

　　　WL——下层张力水蓄量, mm;

　　　WD——深层张力水蓄量, mm;

　　　E——总的蒸散发量, mm;

　　　EU——上层蒸散发量, mm;

　　　EL——下层蒸散发量, mm;

　　　ED——深层蒸散发量, mm;

　　　EP——蒸散发能力, mm;

　　　KC——蒸散发折算系数。

详细的分层计算公式为：

若 $P + WU \geq EP$, 则 $EU = EP, EL = 0, ED = 0$;

若 $P+WU<EP$，则 $EU=P+WU$；

若 $WL<C\cdot LM$，则 $WL=(EP-EU)WL/LM,ED=0$；

若 $WL<C\cdot LM$ 且 $WL\geqslant C\cdot(EP-EU)$，则 $WL=C\cdot(EP-EU),ED=0$；

若 $WL<C\cdot LM$ 且 $WL<C\cdot(EP-EU)$，则 $EL=WL,ED=C\cdot(EP-EU)-WL$。

2. 产流量计算

三水源新安江模型的产流计算采取的是蓄满产流模型。蓄满产流的含义就是,当降雨量低于田间持水量时,不产生任何径流,所有降雨下渗进入土壤以补充田间持水量;当降雨量超过田间持水量时,扣除蒸散发量之后所有的净雨量都产生径流。由于实际上的土壤的缺水量在空间分布上很不均匀,因此引入蓄水容量-面积分配曲线来解决这一问题。

假设闭合流域的不透水面积 $IM=0$,则流域的蓄水容量-面积分配曲线为:

$$\frac{f}{F}=1-(1-\frac{W'}{WMM})^{B} \tag{3-2}$$

式中　f——产流面积,km^2;

　　　F——全流域面积,km^2;

　　　W'——流域单点的蓄水量,mm;

　　　WMM——流域单点的最大蓄水量,mm;

　　　B——蓄水容量-面积分配曲线的指数。

流域蓄水容量-面积分配曲线及其与降雨径流相互转换关系见图3-33、图3-34。

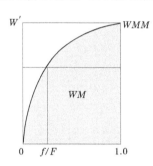
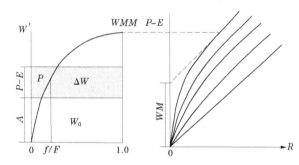

图 3-33　蓄水容量-面积分配曲线　　图 3-34　流域蓄水容量-面积分配曲线与降雨径流关系

由式(3-2)和图3-34,W_0 计算公式为

$$W_0=\int_0^A(1-\frac{f}{F})\mathrm{d}W'=\int_0^A(1-\frac{W'}{WMM})^{B}\mathrm{d}W' \tag{3-3}$$

对式(3-3)积分得

$$W_0=\frac{WMM}{B+1}\left[1-(1-\frac{A}{WMM})^{B+1}\right] \tag{3-4}$$

由图3-33知,当 $A=WMM$,$W_0=WM$,将其代入式(3-4)得

$$WM=\frac{WMM}{B+1} \tag{3-5}$$

与 W_0 值相应的纵坐标值 A 为

$$A = WMM\left[1 - (1 - \frac{W_0}{WM})^{\frac{1}{1+B}}\right] \tag{3-6}$$

设扣除雨期蒸发后的降雨量为 PE，则总径流量 R 的计算公式为

$$R = \int_A^{PE+A} \frac{f}{F}\mathrm{d}W' = \int_A^{PE+A}\left[1 - (1 - \frac{W'}{WMM})^B \mathrm{d}W'\right] \tag{3-7}$$

若 $PE+A < WMM$，即局部产流时

$$R = PE - (WM - W_0) + WM(1 - \frac{PE + A}{WMM})^{(1+B)} \tag{3-8}$$

将式(3-8)代入式(3-11)得

$$R = PE - (WM - W_0) + WM(1 - \frac{PE + A}{WMM})^{(1+B)} \tag{3-9}$$

若 $PE+A \geq WMM$，即全流域产流时

$$R = PE - (WM - W_0) \tag{3-10}$$

式中　W_0——流域初始土壤蓄水量，mm；

　　　WM——流域平均最大蓄水容量，mm；

　　　R——总径流量，mm；

　　　其他参数含义同上。

3. 分水源计算

三水源的水源划分结构借鉴了山坡水文学的概念，用自由水蓄水库结构解决水源划分问题，自由水蓄水库结构见图3-35。

三水源的水源划分结构的流域自由水蓄水容量-面积分配曲线的线型为：

$$\frac{f}{F} = 1 - (1 - \frac{S'}{MS})^{EX} \tag{3-11}$$

式中　S'——流域单点自由水蓄水容量，mm；

　　　MS——流域单点最大的自由水蓄水容量，mm；

　　　EX——流域自由水蓄水容量-面积分配曲线的次方；

　　　其他参数意义同前。

流域自由水蓄水容量-面积分配曲线与各水源的关系描述见图3-36。图中，KG 为流域自由水蓄水容量对地下水径流的出流系数；KI 为流域自由水蓄水容量对壤中流的出流系数。

由式(3-11)和图3-36可知，S_0 的计算公式为

$$S_0 = \int_0^{AU}(1 - \frac{f}{F})\mathrm{d}S' = \int_0^{AU}(1 - \frac{S'}{MS})^{EX}\mathrm{d}S' \tag{3-12}$$

对式(3-12)积分得

$$S_0 = \frac{MS}{EX + 1}\left[1 - (1 - \frac{AU}{MS})^{EX+1}\right] \tag{3-13}$$

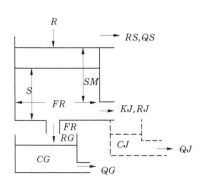

图 3-35 自由水蓄水库结构

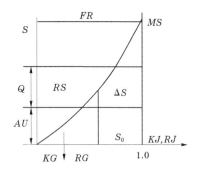

图 3-36 流域自由水蓄水容量—面积
分配曲线与各水源的关系描述

当 $AU = MS$ 时，$S_0 = SM$，将其代入式 (3-13) 得

$$SM = \frac{MS}{EX + 1} \qquad (3-14)$$

根据式 (3-14) 可求得流域单点最大的自由水蓄水容量 MS 为

$$MS = SM(1 + EX) \qquad (3-15)$$

与 S_0 值相应的纵坐标值 AU 为

$$AU = MS\left[1 - \left(1 - \frac{S_0}{SM}\right)^{\frac{1}{1+EX}}\right] \qquad (3-16)$$

产流面积 FR 为

$$FR = \frac{R}{PE} \qquad (3-17)$$

为了考虑上时段和本时段产流面积不同而引起的 AU 变化，有如下转换公式

$$AU = MS\left[1 - \left(1 - \frac{S_0 \cdot FR_0/FR}{SM}\right)^{\frac{1}{1+EX}}\right] \qquad (3-18)$$

当 $PE + AU < MS$ 时，地面径流 RS 为

$$RS = FR\left[PE + S_0 \cdot \frac{FR_0}{FR} - SM + SM\left(1 - \frac{PE + AU}{MS}\right)^{\frac{1}{1+EX}}\right] \qquad (3-19)$$

当 $PE + AU \geq MS$ 时，地面径流 RS 为

$$RS = FR\left(PE + S_0 \cdot \frac{FR_0}{FR} - SM\right) \qquad (3-20)$$

本时段自由水蓄量为

$$S = S_0 \cdot \frac{FR_0}{FR} + (R - RS)/FR \qquad (3-21)$$

相应的壤中流和地下径流为

$$RI = KI \cdot S \cdot FR$$

$$RG = KG \cdot S \cdot FR \tag{3-22}$$

本时段末即下一时段出的自由水蓄量为

$$S_0 = S \cdot (1 - KI - KG) \tag{3-23}$$

4. 汇流计算

1）地表径流汇流

地面径流汇流采用单位线法，计算公式为：

$$QS_t = RS_t * UH \tag{3-24}$$

式中　QS——地面径流，m^3/s；

　　　RS——地面径流量，mm；

　　　UH——时段单位线，m^3/s；

　　　$*$——卷积运算符号。

也可以采用线性水库，采用线性水库的计算公式为

$$QS_t = CS \cdot QS_{t-1} + (1 - CS) \cdot RR_t \cdot U \tag{3-25}$$

式中　CS——地表径流消退系数；

　　　RS——地表径流量，mm；

　　　U——单位换算系数。

2）壤中流汇流

壤中流汇流可采用线性水库或滞后演算法计算。当采用线性水库时，计算公式为

$$QI_t = CI \cdot QI_{t-1} + (1 - CI) \cdot RI_t \cdot U \tag{3-26}$$

式中　QI——壤中流，m^3/s

　　　CI——消退系数；

　　　RI——壤中流径流量，mm；

　　　其他参数意义同前。

3）地下径流汇流

地下径流汇流可采用线性水库或滞后演算法模拟。当采用线性水库时，计算公式为：

$$QG_t = CG \cdot QG_{t-1} + (1 - CG) \cdot RG_t \cdot U \tag{3-27}$$

式中　QG——地下径流，m^3/s；

　　　CG——消退系数；

　　　RG——地下径流量，mm；

　　　其他参数含义同前。

4）单元面积河网总入流

$$QT_t = QS_t + QI_t + QG_t \tag{3-28}$$

式中　QT——单元面积河网总流入，m^3/s。

5）单位面积以下河道汇流

采用河道单位线的方法。计算公式与式(3-24)相同。

6)新安江模型参数说明

(1)B 为张力水蓄水容量曲线的方次,此值取决于张力水蓄水条件的不均匀分布。一般情况下与流域面积有关,汾河水库的流域面积是 1 915 km²,据山丘区降雨径流相关图的分析,B 的取值在 0.25~0.38。

(2)C 为深层蒸散发系数,取决于深根植物的覆盖面积,在北方半湿润地区为 0.09~0.12。

(3)EX 为表层自由水蓄水容量曲线的方次。它取决于表层自由水蓄水条件的不均匀分布,在山坡水文学里,它决定了饱和坡面流产流面积的发展过程。一般在 1~1.5。

(4)IM 为流域面积上不透水面积占全流域面积的百分数。根据汾河水库流域的不透水面积,IM 取 0.01 即可满足要求。

(5)K 为蒸散发能力折算系数。此参数控制着总水量平衡,因此对水量计算是重要的。$K=R_1 \times R_2 \times R_3$。$R_1$ 是大水面蒸发与蒸发器蒸发之比,有实验数据可参考;R_2 是蒸散发能力与大水面蒸发之比,其值在夏天为 1.3~1.5,在冬天约为 1;R_3 用来把蒸发站实测值改正为流域平均值,因此主要取决于蒸发站高程与流域平均高程之差。该水库采用的是 E-601 蒸发器,$R_1 \times R_2 \approx 1$,故 K 一般取 0.5~1.2。

(6)WM(张力水容量)$= UM+LM+DM$,上、中、下三层土壤蓄水容量。也就是流域张力水最大缺水量,表示流域的干旱程度。WM 在北方半湿润地区约为 170 mm;UM 包括植物截流,多林地区可取 20 mm;LM 常取 60~90 mm;$DM=WM-UM-LM$。

(7)SM 为自由水库蓄水容量(表层土自由水容量),本参数受降雨资料时段均化的影响,当时段长时,在土层很薄的地区,其值为 10 mm 或更小一些。在土深林茂的透水性能很强的流域,其值可达 50 mm 或更大一些,一般流域在 10~20 mm。当所取时段长减小时,该参数应加大。这个参数对地面径流的多少起决定性作用。在汾河水库洪水预报中,以小时为单位,SM 取 60~80。

(8)KG 为表层自由水中地下水的出流系数。

(9)KI 为表层自由水壤中流的出流系数。KG 和 KI 这两个出流系数是并联的,其和($KG+KI$)代表自由水出流的快慢。对于一个流域,它们都是常数。

(10)CI 为壤中流消退系数。如无深层壤中流,CI 趋于 0;当壤中流很丰富时,CI 趋于 0.9 左右。

(11)CG 为地下水消退系数。如以日为时段长,此值一般为 0.98~0.998,在汾河水库中,以 1 h 为时段长取 0.25 左右。

(12)UH(河网单位线)。它取决于河网地貌,一般用经验方法推求。

(13)L 与 CS(滞后演算法中的滞后时间与河网蓄水消退系数),取决于河网地貌。

(四)流域水文模型参数的率定和优选

模型的参数可分为两类:一类为可以通过量测获得,如流域面积、河长、河道坡度、雨量站权重、分块单元流域面积等,这类参数一经确定不再修改。另一类则随流域降雨径流特性以及下垫面条件而不同,如各土层最大蓄水容量、自由水库最大容量、蒸散发系数、入渗曲线系数和指数,以及各层水流的出流和消退系数等。

首先结合流域地形、地质、地理气象特征和水文特性,参照前面提到的参数取值范围初选参数,作为第一近似值,在终端屏幕上显示的输入参数,通过送进简单的指令,即可在屏幕上输出实测与计算流量过程的对照图形。不断改变参数值来观察两者过程拟合的精度,以最小误差为原则,确定参数最优值,优选率定参数的目标函数为:

$$\min F(WM,B,IMP,EX,CI,CG,SM,K,XE,KE,\cdots) = \min \sum_{j=1}^{n} (R_{j,\text{实}} - R_{j,\text{计}})^2 \quad (3\text{-}29)$$

式中　　$R_{j,\text{实}}$——第 j 年汛期实测径流量;

　　　　$R_{j,\text{计}}$——第 j 年汛期计算径流量。

采用汾河水库 7 年历史水文资料,按照上述方法,确定本流域的参数如表 3-3 所示。

表 3-3　汾河水库洪水预报参数取值表

参数	取值	参数	取值	参数	取值
K	0.5 ~ 0.9	WM	160 ~ 180	UM	20 ~ 30
IM	0.01	LM	70 ~ 90	B	0.26 ~ 0.38
C	0.09 ~ 0.12	CG	0.25	CI	0.8 ~ 1.0
KG	0.03 ~ 0.05	KI	0.7 ~ 0.9	SM	60 ~ 80
EX	0.9 ~ 1.2	KE	1	XE	0.4
L	2	CS	0.7		

(五)河道演算方法的选择

河道的洪水预报是以河槽洪水运动波理论为基础的,由河道上游断面的水位、流量过程预报下游断面的水位、流量过程。洪水在河段的传播时间则为预报提供了预见期。根据对上游、下游面洪水要素的数量变化和传播时间关系的研究,建立了合适的河道洪水预报数学模型。研究中采用马斯京根法进行河道演算,分段连续演算见图 3-37。

该法是 1938 年 Macarthy 对美国俄亥俄州的马斯京根(Muskingum)河首先使用的洪水演算方法,目前在我国的河段流量演算中被广泛使用,并日益完善。

经验参数的马斯京根法与扩散波水力学理论一致,参数方程推导如下:

根据河段水量平衡方程和槽蓄方程由

$$(I_1 + I_2) * \Delta t/2 - (Q_1 + Q_2) * \Delta t/2 = W_2 - W_1 \quad (3\text{-}30)$$

$$W = kQ' \quad (3\text{-}31)$$

$$Q' = xI + (1-x)Q \quad (3\text{-}32)$$

式中　　I_1、I_2——t_1、t_2 时刻入流量;

　　　　Q_1、Q_2——t_1、t_2 时刻的出流量;

　　　　W_1、W_2——河段 t_1、t_2 时刻蓄水量;

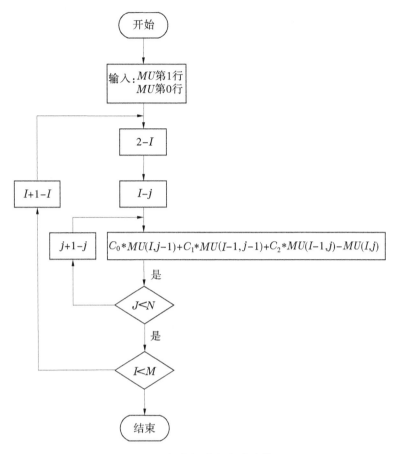

图 3-37 马斯京根分段连续演算图

Q'——示储流量；

x——流量比重系数，表示上、下游断面流量在槽蓄量中的相对权重，反映楔蓄对流量演算的作用，槽蓄作用大，x 大，反之，x 小，大多数河流，x 值在 $0\sim0.5$，对水库而言，入流量不起作用，$x=0$，若上下游断面流量影响一样，$x=0.5$；

k——蓄量常数，具有时间因次。

计算时，根据上下游断面流量资料，假定不同 x 值，点绘 $W\sim Q'$ 关系线，取其中呈单一关系的 x 值和 k 值，即为最优解。

联解上式得：

$$Q_2 = C_0 I_2 + C_1 I_1 + C_2 Q_1 \tag{3-33}$$

其中：

$$\left.\begin{array}{l}C_0 = (1/2\Delta t - kx)/(k - kx + 1/2\Delta t) \\ C_1 = (1/2\Delta t + kx)/(k - kx + 1/2\Delta t) \\ C_2 = (k - kx - 1/2\Delta t)/(k - kx + 1/2\Delta t)\end{array}\right\} \tag{3-34}$$

且 C_0、C_1、C_2 满足：

$$C_0 + C_1 + C_2 = 1 \tag{3-35}$$

　　当确定了河段的 k、x 和 Δt 值，C_0、C_1、C_2 值可求得，便可按马斯京根法流量公式逐时段推求下游断面出流量过程。实际工作中，因上述试算法求 x、k 值会遇到一些问题，有些河段，不论 x 取何值，$W \sim Q'$ 关系呈绳套"8"字形，而非单一线；有一些河段，即使 k、x 呈单一线，但并非直线而是曲线；即使同一河流上，上下游河段 x 值也不相同，一般上游河段大于下游河段。产生不单一直线原因很多，可能是由于区间入流误差引起的，也可能是测验误差引起的，而且方法基本概念存在着问题，使其适用效果受到影响。

　　马斯京根法为单一线性系统，它采用线性的转换关系式与线性槽蓄方程，因此参数 k、x 应是常数。除此，还有两个线性条件是对输入数据所要求的，一是流量 I、Q 在时段 Δt 内是线性变化的；二是任何计算时刻，流量在河段内沿程变化是线性的，河段平均流量 $Q = 0.5(I+Q)$，否则 W 不仅与 I、Q 有关，还与水面曲线形状 x_1 有关。

　　要符合这两个线性条件，就必须取 $\Delta t \approx k$。因为如果取 $\Delta t > k$，则在 Δt 时段内会发生跨峰（或跨谷）现象，流量在时段 Δt 内的变化为非线性；如果取 $\Delta t < k$，计算时段始末会出现峰谷位于河段中间的现象，流量沿河长的变化为非线性。这两种倾向都应避免。但当河段很长，k 值大于涨洪历时，如果把 Δt 取得过大，流量在 Δt 内或沿河长的变化不可能是线性的，可以把长河段按单元河长分为 n 河段，用马斯京根法的分段连续演算来计算，假定每个单元河长的 k_l 和 x_l 都相等，l 为特征河长。

　　令每个短河段的河长：

$$L_l = L/n \tag{3-36}$$

则每个河段的 k_l 和 x_l 为：

$$k_l = L_l/C = L/(Cn) = k/n \tag{3-37}$$

$$x_l = \frac{1}{2} - \frac{l}{2L_l} = \frac{1}{2} - \frac{nl}{2L} \tag{3-38}$$

　　实际工作中，往往先确定 Δt，再用 $k/\Delta t$ 取整求得河段数 n，然后再按式（3-37）、式（3-38）计算 kl、xl。假设每一河段的出流量为相邻下一河段的入流量，逐河段分别用马斯京根法进行汇流演算直至下游出流断面。也可先求得汇流系数，用上游断面各时刻的入流量分别乘以汇流系数，线性叠加，即为计算的出流过程。

　　但是，天然河道洪水波传播过程中往往有或大或小的非线性作用，使河段的蓄泄关系呈明显的非线性，演算参数 k、x 变幅大，上述线性系统方法不能适用于此，不少学者进行研究，提出了非线性数值解。基本方程如下：

$$(I - Q)\mathrm{d}t = \mathrm{d}w \tag{3-39}$$

$$\mathrm{d}w = k(Q')\mathrm{d}Q' = k(Q')\mathrm{d}[x(Q')I + (1 - x(Q')Q] \tag{3-40}$$

式中 k、x 均不为常数，而随 Q' 变化，其公式为：

$$k(Q') = L/C(Q') \tag{3-41}$$

$$x(Q') = x_l - l(Q')/2L \tag{3-42}$$

　　$l(Q')$ 与 $C(Q')$ 对于具体的河道都可根据水文测站资料求得，这样非线性方程组式（3-41）、式（3-42）就可以求解了，但这是隐式格式方程，要用差分迭代步骤求解，计算比较复杂。

　　常用的非线性解是把流量分级，在每一级中用线性解，各级之间的参数不同。此种方法比较简单,但存在两个问题:一是流量跨级时参数突变,演算结果也会突变;二是水量不平衡。显然这种解的误差较大,如果允许函数渐变,用迭代法求解,采用的方程在物理上虽然严格,但也会造成水量不平衡。

另外,在处理长河段汇流演算时,还可采用滞后汇流演算方法。该法在应用到长河段、非线性问题及大流域汇流等问题时有可能取得好的结果。但这一方法的两个主要参数:平移时间 T 和水库的蓄泄系数 k,都是由经验确定的,没有明确的物理意义。滞后演算法除水库调蓄外再加上一个"线性明渠"平移,相当于有两次平移,其中间的界限划分不明确,而且滞后法不分级,把全河段所有的坦化作用都放到一个水库中去处理,就等于不论入流远近,坦化作用都相同,显然是有误差的。

综上所述,结合汾河水库的实际情况,本系统开发应用马斯京根法的分段形式进行河道演算。由于汾河水库是已建水库,实测资料较多,利用水库的资料进行还原计算,根据历史资料演算,根据实际情况,河道演算参数是:$x = 0.4$、$\Delta t = 1$ h、$n = 3$,系数为:0.001,0.020,0.188,0.599,0.159,0.029,0.004,0.001,0.017,0.002。

(六)基于新安江模型下的洪水预报软件的开发

1. 软件的主要特点

(1)脱机编制洪水预报方案(模型参数率定)。

考虑到流域内因地形、地质、下垫面和降雨的不均匀性等条件不同而模型参数不同的因素,将流域分成几大块,每一块又可细分为几个单元;选择能反映流域情况的连续年份降雨摘录和洪水摘录资料,设计及建立历史数据库,用数据处理软件对历史资料进行时段化处理,通过软件自动化优选和人工调试得到最佳预报方案。

(2)水文预报软件。

根据选定的洪水预报方案,设计开发相应的定时或不定时水文预报软件。该软件从实时数据库中自动读出预报所需的实时数据,对数据预处理,读取蒸发资料文件、流域特征文件、模型参数文件,加入预报模型,模型通过蒸发与下渗、产流与汇流各环节的计算可得到相应的出流预报过程。预报方案投入实时运行后的 3~5 年内,通过不断积累最新资料,根据洪水过程预报精度,调整预报模型参数,使预报精度日趋提高,以满足需要。

为增加预见期,可预估几个时段不同块的面雨量,得出相应的出流预报过程。预报成果可由雨洪对应图和相应的报表输出。

(3)预报结果查询。

为便于用户对洪水预报的结果进行查询,本书为洪水预报软件研制开发了预报结果查询。

(4)水位、雨量的实时显示。

根据选定的时间,可以实时查看当时雨量和水位情况。同时也可以查看一个时间段内的总雨量,例如查看一个月或一年内的总雨量等。

2. 汾河水库洪水预报软件结构及预报结果

(1)模型设定模块。

该模块提供系统模型的参数设定,由界面输入一组参数,见图 3-38,参数率定界面,选取 82 年、89 年、96 年的三次洪水资料对模型参数进行识别率定,优选出参数的最优值,使计算和实测的拟合精度最高。率定好的文件作为固定文件,可以存盘,提供给实时预报模块。

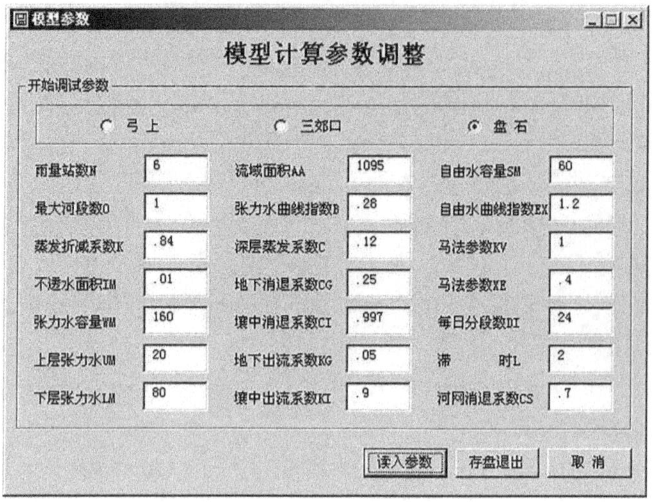

图 3-38　参数率定界面

（2）实时预报模块。

软件从 SQR Server 数据库中自动读出预报所需要的实时数据,对数据预处理,读取蒸发资料文件、流域特征文件、模型参数文件,加入预报模型,模型通过蒸发与下渗、产流与汇流各环节的计算可得到相应的出流预报过程。预报方案投入实时运行后,通过不断积累最新资料,根据洪水过程的预报精度,调整预报模型参数,使预报精度日趋提高,以满足需要,预报成果可由雨洪对应图和相应的报表输出。洪水预报软件的主界面如图 3-39 所示。

图 3-39　洪水预报软件主界面

（3）洪水预报软件流程如图 3-40 所示。

（4）汾河水库实时洪水预报结果。

以下是对汾河水库实时洪水预报软件的运行结果的说明:在图 3-41 所示的界面中输入预报时间 2003 年 6 月 24 日 9 时,计算结果如图 3-42 所示。

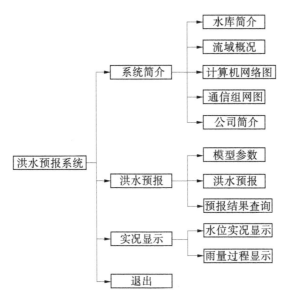

图 3-40 洪水预报软件流程

图 3-41 预报时间的输入界面

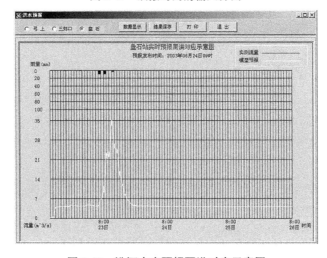

图 3-42 汾河水库预报雨洪对应示意图

3. 实时洪水预报系统的误差分析

科学试验的误差总是存在的,造成汾河水库入库流量预报值与实测值之间误差的原因,大体可分以下几类:

(1)量测误差。在现有站网及设备条件下,各种信息在时空上的变化是难以准确地通过实测信息反映出来的,如:由于站网条件所限,导致局部暴雨无法控制,而使预报不准。此外,一些实测要素(如:流量)是通过间接测量的方法取得的,而间接转换的"转换器"(如:水位-流量关系曲线)的精度也造成了客观的"量测误差",尤其是入库反推流量的误差更为明显。因汾河水库实测洪水资料偏少,用直接法求设计洪水参数,是根据新村站的洪水资料考虑面积因素转换求得的,均产生量测误差。

(2)模型误差。任何一种模型均仅能模拟客观现象的主要规律。因此,某些次要因素由于建模的困难以及当前技术水平的限制,而在建立模型时作了某些概化;将水文循环过程进行人为分离,并用不同程度简化的模型予以描述等,这样不完善的处理会引起模型误差。

(3)脱机预报中采用实测蒸发资料经模拟进行流域的蒸散发处理,而实时预报中,由于没有实时的蒸发资料,均采用其他方法代替(如:用多年平均统计蒸发值或前一天的实测蒸发值代替),这也给预报带来计算误差。

(4)预见期降雨引起的误差。预见期内降雨对预报值的影响可作以下分析,如用单位线预报方案,则出流计算式为

$$Q_1 = q_1 R_1$$
$$Q_2 = q_1 R_2 + q_2 R_1$$
$$Q_3 = q_1 R_3 + q_2 R_2 + q_3 R_1$$
$$Q_4 = q_1 R_4 + q_2 R_3 + q_3 R_2 + q_4 R_1$$
$$\cdots\cdots$$

设预报时刻为 t,预见期 Δt 为 1 个时段,预报值为 Q_{t+1},则预见期内降雨 R_{t+1} 为未知,因此 Q_{t+1} 内 $q_1 R_{t+1}$ 项为未知。如预见期为 $2\Delta t$,预报值为 Q_{t+2},则预见期内降雨 R_{t+1} 及 R_{t+2} 未知,Q_{t+1} 内未知项为 R_{t+1} 及 R_{t+2} 组合的两项。预见期不同,预见期内降雨对预报值的影响也不同。

(5)系统初始状态的误差,水文预报的初始时刻,系统的模型中往往有一些变量需要赋值,如新安江模型中的包气带各层的土壤含水量,由于对系统的初始状态并不完全了解,也会引起误差。

(6)开发中虽然采用了先进的水位传感器和低功耗的 RTU 量测和数据传输设备,其本身的误差也是造成实时水文预报系统误差的原因之一。

实时洪水预报系统中产生误差的原因是多方面的,如何减小误差甚至消除误差以提高预报精度,需要在以后的工作中进一步研究。

第五节 防洪调度子系统

一、水库防洪调度的特点

(一)水库实时防洪调度的特点

水库实时防洪调度与规划设计阶段研究制订的防洪调度方案有一定联系,但也有很大差异,且具有更大的难度。

(1)面临洪水的随机性。无论是为本身安全的水库调洪计算还是为下游防洪的调洪计算,所依据的设计洪水,都是作为已知条件给定的;而实时防洪调度所面临的洪水是未知的,或是预报期较短、预报精度不高的预报洪水,在当前气象预报水平条件下,其雨情预报仅能作为参考。对面临洪水未知或知之不确是实时调度的最大难点;实时调度所遇到的洪水绝大多数都是非典型的一般洪水,因此不能完全恪守已做出的典型洪水调度方案进行调度。调度中既要符合设计的调度原则,又要根据实际发生而又未能准确预知的洪水,兼顾上、下游的要求,兼顾防洪、兴利效益,当机立断地控制洪水蓄、泄过程。

(2)实时洪水调度的紧迫性。在实时调度时,从收集水情、做出方案、上报领导决策、下达操作命令和执行及通知下游做好防汛准备等一系列过程,耗时颇多,常使泄洪不及时,壅高了调洪水位,如后续洪水很大,会造成十分被动的局面。

(3)实时洪水调度无返回操作性。当某一时段或最终结果不符合要求时,可以调整蓄泄过程,重新演算;但实时洪水调度是不可返回操作的,对上一时段的操作结果不论正确与否,都必须作为本时段操作的初始条件。

(二)预报洪水过程的修正

1. 入库洪水与坝址洪水的区别

产流条件的改变,主要发生在水库回水区。水库形成后,回水区范围内除原来的河道外,有相当广阔的陆地面积变成了水面,使这部分面积上的降雨径流关系发生了变化。库面直接承受降水,加大了径流系数(库面径流系数约为 1.0),缩短汇流历时,使入水库洪水总量及洪峰流量有所增加。尤其当暴雨中心位于库区附近,回水面积占流域面积比重较大时,对洪峰增大的影响更大,并增加涨水段的水量,即降雨时段水量成为入库的洪水量。

2. 预报误差的考虑

由于受到预报水平的限制,预报流量与实际出现的流量总有一定的出入。假定反映洪水预报可靠性的精度为 $\mu(\mu \leqslant 1)$,误差为 $e(e$ 可正可负),则预报精度与误差的关系为:

$$\mu = 1 - e \tag{3-43}$$

μ、e 和预报期有关,预报期愈长,精度愈低,与实际来水流量的差别也愈大。

在调洪演算中预报误差 e 采用正或负值依安全原则确定。对预报泄洪来说,$Q_实 = Q_预 \times (1+e)$ 为最不利情况。为了保证水库预腾库容能够回蓄,在预泄期应按下式泄流:

$$R_泄 = \frac{\mu}{1+e} Q_实 \tag{3-44}$$

3. 洪水判别条件的选择

常用的洪水判别条件有：

(1)以库水位作为判别条件。根据水库调洪计算结果,以各种频率洪水的调洪最高库水位作为判别洪水是否超过标准的依据,通常作为规则调度的判别标准,但判明洪水标准的时间较迟,一般要求的防洪库容较大。

(2)以入库洪峰流量作为判别条件。根据水文计算结果,以各种频率的入库洪峰流量作为判别洪水是否超过标准的依据。采用入库洪峰流量作为判别条件一般适用于防洪库容相对较小,调洪最高水位主要由入库洪峰流量决定的水库。如果防洪库容较大,则以入库流量作为判别条件要求有较好的峰量关系。

(3)以入库洪量作为判别条件。根据水文计算结果,以各种频率的入库洪水总量作为判别洪水是否超过标准的依据。

(4)以洪水频率作为判别条件。目前,识别洪水频率的方法有:按一场洪水的洪峰流量或洪水总量出现的频率识别,即排频法;按洪水涨率识别,即洪水频率的判断采用前面几个时段(预报精度高)的洪水涨率识别;考虑洪峰与洪量的综合分析法等。

4. 皮尔逊Ⅲ型频率曲线的数值求解

皮尔逊Ⅲ型曲线是一条一端有限一端无限的不对称单峰、正偏曲线,数学上常称伽马分布,其概率密度函数为：

$$f(x) = \frac{\beta^{\alpha}}{\Gamma(\alpha)}(x - a_0)^{\alpha-1} e^{-\beta(\alpha - a_0)} \tag{3-45}$$

式中　$\Gamma(\alpha)$——α 的伽马函数;

　　　α, β, a_0——三个参数。

伽马函数 $\Gamma(x)$ 的定义为：

$$\Gamma(x) = \int_0^{\infty} e^{-t} t^{x-1} dt \qquad (x > 0) \tag{3-46}$$

计算方法为:当 $2 < x \leqslant 3$ 时,用如下切比雪夫(Chebyshev)多项式逼近

$$\Gamma(x) = \sum_{i=0}^{10} a_i (x - 2)^{10-i} \tag{3-47}$$

其中: $a_0 = 0.000\ 067\ 710\ 6$, $a_1 = -0.000\ 344\ 234\ 2$, $a_2 = 0.001\ 539\ 768\ 1$, $a_3 = -0.002\ 446\ 748\ 0$, $a_4 = 0.010\ 973\ 695\ 8$, $a_5 = -0.000\ 210\ 907\ 5$, $a_6 = 0.074\ 237\ 907\ 1$, $a_7 = 0.081\ 578\ 218\ 8$, $a_8 = 0.411\ 840\ 251\ 8$, $a_9 = 0.422\ 784\ 337\ 0$, $a_{10} = 1.0$。

当 $0 < x \leqslant 2$ 时,利用公式

$$\begin{cases} \Gamma(x) = \dfrac{1}{x}\Gamma(x+1) & (1 < x \leqslant 2) \\[2mm] \Gamma(x) = \dfrac{1}{x(x+1)}\Gamma(x+2) & (0 < x \leqslant 1) \end{cases} \tag{3-48}$$

当 $x > 3$ 时,利用公式

$$\Gamma(x) = (x-1)(x-2)\cdots(x-i)\Gamma(x-i) \tag{3-49}$$

可以推证,式(3-47)中的三个参数与总体的三个统计参数 $\bar{x}$、C_v、C_s 具有下列关系：

$$\left.\begin{aligned}\alpha &= \frac{4}{C_s^2}\\\beta &= \frac{2}{\bar{x}C_v C_s}\\a_0 &= \bar{x}\left(1 - \frac{2C_v}{C_s}\right)\end{aligned}\right\} \tag{3-50}$$

在水文计算中,随机变量 x_P 与相应频率 P 应满足下述等式:

$$P = P(x \geqslant x_P) = \frac{\beta^\alpha}{\Gamma(\alpha)} \int_{x_P}^{\infty} (x - a_0)^{\alpha-1} e^{-\beta(x-a_0)} dx \tag{3-51}$$

显然,当 α、β、a_0 三个参数已知时,则 x_P 和 P 为一一映射关系。由式(3-50)知 α、β、a_0 与分布曲线的 $\bar{x}$、C_v、C_s 有关,因此只要 $\bar{x}$、C_v、C_s 三个参数一经确定,P 仅与 x_P 有关,可由 x_P 唯一地来计算 P;反之,频率 P 已知时,可由 P 唯一地来计算相应的 x_P。但是直接计算上述无穷积分是非常繁杂的,通常做法是通过变量转换,根据拟定的 C_s 值进行积分,并将成果制成专用表格供查用。

令:

$$\Phi = \frac{x - \bar{x}}{\bar{x}C_v} \tag{3-52}$$

则有:

$$\begin{aligned}x &= \bar{x}(1 + C_v\Phi)\\dx &= \bar{x}C_v d\Phi\end{aligned} \tag{3-53}$$

这里,Φ 的均值为零,均方差为1,通常称 Φ 为离均系数。将式(3-53)代入式(3-54),简化后可得:

$$P(\Phi > \Phi_P) = \int_{\Phi_P}^{\square} f(\Phi, C_s) d\Phi \tag{3-54}$$

式中被积函数只含有一个待定参数 C_s,其他两个参数 $\bar{x}$ 和 C_v 都包含在 Φ 中,因而只要假定一个 C_s 值,便可从式(3-54)通过积分求出 P 与 Φ_P 之间的关系。对于若干给定的 C_s 值,P 与 Φ_P 的对应数值表已先后由美国工程师福斯特和苏联工程师雷布京制作出来。

随着计算机技术和数值计算方法的发展,将频率计算中繁杂的手工查表操作由计算机程序来实现已经成为可能。文中采用如下方法进行计算:

首先,由《皮尔逊Ⅲ型频率曲线的离均系数 Φ_P 值表》查得 $P = 0.0001$ 时的 C_s 及对应的 Φ_P 值,并以数组的形式存储。给定 $\bar{x}$、C_v、C_s 值,由线性插值求得 $P = 0.0001$ 时 C_s 值相应的 $\Phi_{0.0001}$;然后,由式(3-53)计算得 $x_{0.0001}$,并将 $x_{0.0001}$ 近似认为随机变量的上限值(在水利工程设计中,洪水计算会遇到稀有频率问题,但极少遇到重现期超过 10 000 年,即 $P < 0.0001$ 的设计标准);最后,对密度函数,即式(3-45),在 $(x - x_{0.0001})$ 上进行积分,化无穷积分为定积分,通过龙贝格积分法求解,即得特征值 x 相应的频率 P。

当频率 P 为已知时,由 x 与 P 的一一对应关系,通过一维搜索方法在给定区间内进行求解,可得特定频率 P 对应的特征值 x_P。

上述频率计算方法求解思路明确,原理简单,通过计算机编制程序模块,可在软件中方便调用。经实例验证表明,计算精度满足实际要求。

二、水库调洪计算原理

天然洪水从流入水库,通过泄洪设备,向下游河道泄出的整个过程,是水流运动中的一种不稳定流动过程。从理论上说,应该采用水力学中不稳定流的理论来求解水库的调洪过程。但是,在通常情况下,水流注入水库后,过水断面增长较大,流速变得很小,加之实际计算中不稳定流计算过程繁杂,需要的地形、水力资料较难获得,因此为便于实用,可近似假设库内的流速趋近于零,且库面趋近于水平。这样,上述水流的不稳定流问题,就可近似地作为稳定流来处理。在这种假定条件下,有限时段 $\Delta t = t_{n-1} - t_n$ 内的水量平衡方程式可写成:

$$\frac{1}{2}(Q_{n-1} + Q_n)\Delta t - \frac{1}{2}(R_{n-1} + R_n)\Delta t + (P - \Delta Z)\Delta A \times 1\,000 = V_{n-1} - V_n \quad (3\text{-}55)$$

式中　　Δt——第 n 时段长,s;

　　　　Q_{n-1}、Q_n——时段始、末的入库流量,m^3/s;

　　　　P——时段内库面降水量,mm;

　　　　R_{n-1}、R_n——时段始、末的出库流量,m^3/s;

　　　　ΔZ——时段内水面蒸发、渗漏等损失量,mm;

　　　　ΔA——时段内库面积变化的平均值,km^2;

　　　　V_{n-1}、V_n——时段始、末水库蓄水量,m^3。

若库面面积所占流域面积的比例较小,或 $(P - \Delta Z) \times \Delta A$ 值不大,可忽略不计,则式(3-55)可简写为:

$$V_n - V_{n-1} = \frac{Q_{n-1} + Q_n}{2}\Delta t - \frac{R_{n-1} + R_n}{2}\Delta t \quad (3\text{-}56)$$

(一)调洪计算方法

由于计算机技术的飞速发展,对水库调洪计算方程的求解已主要着重于数值解法,以往的图解、解析等算法已不再使用。

1. 试算法

试算时将方程式(3-56)改写为

$$V_n = V_{n-1} + \frac{Q_{n-1} + Q_n}{2}\Delta t - \frac{R_{n-1} + R_n}{2}\Delta t \quad (3\text{-}57)$$

试算从第一时段开始,逐时段连续进行。对于第一时段,Q_0、Q_1、R_0 及 Δt 均为已知,假设一个 R_1,可计算出 V_1,由 V_1 查水库蓄泄曲线得 R_1,若二者相等,则假设的 R_1 既为所求;否则,重新假设 R_1,重复上述计算过程,直至二者相等。以时段末的 R_1、V_1 作为第二时段的初始条件,求得第二时段末的 R_2、V_2。逐时段连续试算,即可求得下泄流量过程和水库蓄水过程。试算法概念明确,计算精度高,适用于多种情况。每个时段的试算,可以用一个精度指标来控制,如果本时段的计算结果满足给定的精度,即可转入下一时段的计算。试算法迭代收敛的速度取决于给定的精度指标,一般来说,收敛速度还是比较快的,但有时可能会出现迭代时间较长,无法满足精度指标的现象。

2. 龙格-库塔数值解法

一般库水面坡降很小,忽略动库容影响,近似看成静水面,水库蓄水量 V 只随坝前水位 Z 而变。若假定水库水位为水平起落,则水库调洪演算的实质,乃是对下列微分方程求解,即

$$\frac{dV(Z)}{dt} = Q(t) - R(Z) \qquad (3-58)$$

若已知第 n 时段内的预报入库平均流量 Q_n,n 时段初的水位 Z_{n-1} 与库容 V_{n-1},时段初的泄流量 $R(Z_{n-1})$,泄流设备的开启状态,则应用定步长四阶龙格-库塔法求解,可得 n 时段末的库容 V_n,即

$$V_n = V_{n-1} + \frac{1}{6}[k_1 + 2(k_2 + k_3) + k_4] \qquad (3-59)$$

式中

$$\begin{cases} k_1 = \Delta t\{Q_n - R[Z(V_{n-1})]\} \\ k_2 = \Delta t\{Q_n - R[Z(V_{n-1} + k_1/2)]\} \\ k_3 = \Delta t\{Q_n - R[Z(V_{n-1} + k_2/2)]\} \\ k_4 = \Delta t\{Q_n - R[Z(V_{n-1} + k_3)]\} \end{cases} \qquad (3-60)$$

其中:$Z(*)$ 由库容在水库水位-库容关系曲线上用三次自然样条插值法求得;$R(*)$ 由水库水位及泄流设备的开启状态确定;Δt 为第 n 时段的时段长,龙格-库塔数值解法无须作图和试算,适用于多泄流设备、变泄流方式、变计算时段等复杂情况下的调洪计算。定步长四阶龙格-库塔数值解法计算速度快、计算精度高,但它毕竟存在一定的截断误差,有时不能严格满足水量平衡方程和水库蓄泄方程的要求,因此应合理选取计算时段步长 Δt,以减少计算时间,提高计算精度,满足实际生产的要求。

调洪演算时段步长的选取可依据计算中要求达到的水位变幅精度确定,特别对复式泄洪建筑物或带有胸墙的泄水堰,需通过水位确定泄洪建筑物的开启及出流情况。为便于编程计算,将预报时段划分为整数段,计算时段步长可取为 30(s),假定水库入流为线性入流,在自然样条函数拟合水库特性曲线的基础上,采用龙格-库塔数值解法进行调洪演算。

(二) 规则调度方式

(1) 设计要求各种标准的洪水调度初期阶段,都从防洪限制水位起调,按照一个泄流方式与规则运行。没有低于或高于汛限水位的泄流方式及规则。

(2) 判断何时改变泄流量的规则指标是从设计洪水过程抽象出来的,而设计洪水是基于峰、量同频率的假定,由典型洪水放大推求的,与实际洪水差别较大。如"规则"用"水位"作改变泄流量的指标,当实际发生峰超标准、量低于标准的洪水,则会贻误下游错峰时机;若"规则"用"流量"作改变泄流量的指标,当实际发生量超标准、峰低于标准的洪水,则库水位将高于设计值,影响水库的安全。

(3) 判断何时改变泄流量的规则指标选定时,没有考虑洪水预报或降雨预报。

(4) 遭遇超下游防洪标准洪水时,不能动用拦洪或调洪库容。

(三) 洪水优化调度模型

水库优化调度是根据入库洪水过程,运用系统工程理论和最优化方法确定目标函数,建立数学模型,并通过数值计算方法对入库洪水进行调度,求得水库的泄流过程。以下结

合盘石头水库具体工程情况,建立优化调度模型,并给出模型求解方法。

1. 变量的选取

考虑水库的洪水预报,取多阶段序列的阶段变量为洪水过程中预报期 T 内的时段变量,以 $t(1,2,\cdots,n)$ 表示,令时段初编号与阶段序号一致,时段末编号为 $t+1$;入库洪水过程由预报已知,用离散系列表示为:$Q(T) = Q_1, Q_2, \cdots, Q_n, Q_{n+1}$;状态变量为各时段末水库蓄水量 V_{t+1};决策变量为面临时段水库平均下泄流量 R_t。

2. 约束条件

(1)水库泄流设备泄洪能力约束(据库容-泄量关系曲线确定):

$$R_t \leqslant G(Z_t) \tag{3-61}$$

式中　$G(Z_t)$——水库设施 t 时段最大泄洪能力。

(2)水库蓄水能力约束:

$$Z_{\min} \leqslant Z_t \leqslant Z_{\max} \tag{3-62}$$

式中　$Z_{\min}$——水库允许的最小库容,泄洪时可取为死水位 207 m;

　　　$Z_{\max}$——水库最大蓄洪能力,当入库洪水不超过百年一遇时,可由防洪高水位确定。

(3)水库最大、最小允许泄量约束:

$$R_{\min} \leqslant R_t \leqslant R_{\max} \tag{3-63}$$

式中　$R_{\min}$——水库兴利的基本用水量,可取为 0.5 m³/s;

　　　$R_{\max}$——最大允许下泄量,可依泄流设备泄洪能力约束确定。

(4)防洪控制点泄流量约束:

$$(R_t + Q_{区}) \leqslant R_{安} \tag{3-64}$$

式中　R_t、$Q_{区}$——t 时段初水库下泄流量与区间洪水流量;

　　　$R_{安}$——防洪控制点的安全泄量,依洪水大小由下游河道排涝能力或防洪能力确定,也可分级控泄。

(5)下泄流量变化率约束:

$$|R_{t+1} - R_t| \leqslant \Delta R \tag{3-65}$$

式中　ΔR——规定差值,由水库溢流设施闸门开启状态及河道水流稳定性要求确定。

(6)调度期末水位约束:

$$Z_{n+1} \geqslant Z_{end} \tag{3-66}$$

式中　Z_{end}——调度期末兴利要求的最低水位,汛初或汛期取为防洪限制水位,汛末取为正常蓄水位。

(四) 防洪水库优化准则及数学模型

1. 优化准则

目标函数应根据防洪系统所担负的具体任务、系统组成及特点、流域和洪水的特性灵活地确定。防洪系统是一个复杂的大系统,防洪系统最优管理的目的,就是充分利用水库防洪库容以及所有的防洪措施,在确保大坝安全的条件下,尽可能减轻或免除下游防护区的洪灾损失。根据洪水预报系统所预报的入库洪水过程,比照历史洪水资料推测该次洪水的重现期,以此决定不同的目标函数,通过最优化的方法寻求相应目标函数达到极值或最优的运行策略。

在预报期 T 内,入库洪水过程 Q_t 由预报已知,则入库洪量为:

$$W_{\lambda T} = \sum_{i=1}^{n} Q_t \Delta t \qquad (3-67)$$

洪水重现期由洪峰流量与洪水总量经综合分析法判定。调度末水位由洪水发生期所处汛期的位置确定,如果洪水发生在汛末,无疑应取充满水库的方案,若洪水发生在汛初或汛期,为迎接下次洪水到来,不蓄水比较安全。如果气象预报良好,则可根据未来几天内的气象条件,结合水库的泄流能力和下游区间的未来洪水过程,合理确定调度末的水库水位。据水量平衡方程,由起调水位、调度末水位和入库洪量可求得预报期内的超载洪量:

$$W_{出T} = W_{\lambda T} - (V_{末} - V_{初}) = \sum_{i=1}^{n} R_t \Delta t \qquad (3-68)$$

(1)最大削峰准则,即以能使下泄洪峰流量削减最多作为防洪调度优化性的评判标准,防洪库容有限的情况常用此准则。其依据是,防洪库容一定时,R 平方和最小,等价于下泄流量最均匀,最大削峰准则示意图见图 3-43。

无区间洪水时,目标函数为:

$$\min \sum_{t_b}^{t_e} R_t^2 \Delta t \qquad (3-69)$$

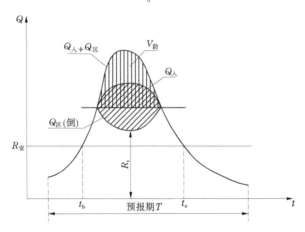

图 3-43 最大削峰准则示意图

图中 t_b、t_e 为成灾期始末。如考虑预泄,可将计算时段延展到整个预报期,这样可在后期洪水到来前多腾空一部分库容,以减轻后期调度压力。即

$$\min \sum_{t=1}^{n} R_t^2 \Delta t \qquad (3-70)$$

考虑此优化模型,为一线性约束的二次规划问题:

$$\min \sum_{i=1}^{n} R_t^2 \Delta t$$

$$\text{s.t}\quad W_{出T} = \sum_{i=1}^{n} R_t \Delta t$$

求解此二次规划,构造拉格朗日函数,将等式约束求极值变为无条件极值问题。

$$F(\lambda, R_t) = \sum_{t=1}^{n} R_t^2 \Delta t + \lambda \times (W_{出T} - \sum_{i=1}^{n} R_t \Delta t) \qquad (3\text{-}71)$$

据多元函数极值条件有:

$$\frac{\partial F}{\partial \lambda} = W_{出T} - \sum_{t=1}^{n} R_t \Delta t = 0 \qquad\qquad \frac{\partial F}{\partial R_t} = 2\Delta t \times R_t - \lambda \Delta t = 0 \qquad (3\text{-}72)$$

解上述方程组可得:

$$R_t = \frac{W_{出T}}{n\Delta t} = \frac{\sum_{t=1}^{n} R_t}{n} \qquad (3\text{-}73)$$

有区间洪水时,优化模型为:

$$\min \sum_{i=1}^{n} (R_t + Q_{区t})^2 \Delta t \qquad (3\text{-}74)$$

$$\text{s.t}\quad W_{出T} = \sum_{i=1}^{n} R_t \Delta t$$

假定 $Q_{区t}$ 为已知,用同样方法求解有:

$$F(\lambda, R_t) = \sum_{t=1}^{n} (R_t + Q_{区t})^2 \Delta t + \lambda \times (W_{出T} - \sum_{i=1}^{n} R_t \Delta t) \qquad (3\text{-}75)$$

极值条件为:

$$\frac{\partial F}{\partial \lambda} = W_{出T} - \sum_{t=1}^{n} R_t \Delta t = 0 \qquad\qquad \frac{\partial F}{\partial R_t} = 2\Delta t \times (R_t + Q_{区t}) - \lambda \Delta t = 0 \qquad (3\text{-}76)$$

求解可得:

$$R_t = \frac{W_{出T}}{n\Delta t} + \left(\frac{\sum_{t=1}^{n} Q_{区t}}{n} - Q_{区t}\right) \qquad (3\text{-}77)$$

其中 $t = 1, 2, \cdots, n$。

(2)最短成灾洪水历时准则。对于上下游农田的防洪除涝,或交通干线的防洪防淹可用此准则,最短成灾历时准则示意图见图3-44,其目标函数为:

无区间洪水时:

$$\min\{T_{灾}\} = \max \sum_{t_b}^{t_e} (R_t - R_{安})^2 \Delta t \qquad (3\text{-}78)$$

有区间洪水时:

$$\min\{T_{灾}\} = \max \sum_{t_b}^{t_e} (R_t + Q_{区t} - R_{安})^2 \Delta t \qquad (3\text{-}79)$$

防洪库容有效地用于成灾期首尾两段,超载洪量在尽可能短的时间内迅速泄出。

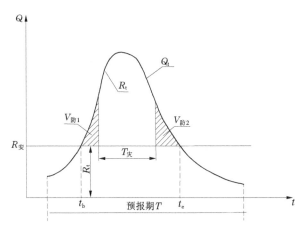

图 3-44　最短成灾历时准则示意图

（3）最小洪灾损失或最小防洪费用准则：

$$\min \sum_{i=1}^{n} cR_t \Delta t \tag{3-80}$$

式中　c——洪灾损失系数，由分析洪灾调查统计资料得出。

根据经验，单一调度模型用于整个汛期的洪水调度具有一定的局限性，在实际调度过程中，可依据洪水预报，对面临预报期内的入库洪水进行分析判别后，依具体情况分别采用不同的优化准则进行调度决策。

2. 模型的解算方法

对以上解析模型可用线性或非线性规划的方法解出最优放水决策 R_t，也可用动态规划方法来求解。由于水库泄流对河道出流的滞后影响作用与目标函数全局优选相联系，使这一多阶段决策问题具有更大的复杂性。运用动态规划方法（DP）建立防洪调度模型，必须考虑无后效性影响，既在处理了无后效性的条件下，采用动态规划法描述防洪系统调节一场洪水的全过程。POA（逐次迭代算法）是 Howson 和 Sando 为了克服 DP 的"维数灾"在 1975 年提出的。他们将最优化原理重新描述为：最优路线具有这样的特性，每对决策集合相对它的初始值和终止值而言都是最优的。据此以多阶段决策的初始可行解为基础，将多阶段问题分解为多个两阶段问题，每次都只对多阶段决策中的两个阶段的决策进行优化调整，将上次优化结果作为下次优化的初始条件，如此逐时段进行，反复循环，直至收敛。当目标函数为凸函数时，POA 算法收敛于问题的最优解。

POA 法的求解步骤为（见图 3-45）：

步骤 1，给定一组 $V_t^k(t=1,2,\cdots,T+1)$ 初始值（V_1^0、V_{T+1}^0 为定值），置 $k=0$，k 为逐次寻优次数。

步骤 2，固定 V_{t-1}^k、V_{t+1}^k 两个值，用一维搜索寻优方法求解数学模型，可求得使 $G(V_{t-1}^k, V_{t+1}^k) = f_t(V_{t-1}^k, V_t^k) + f_{t+1}(V_t^k + V_{t+1}^k)$ 最优的 V_t^{k*}，用新值 V_t^{k*} 代替老值 V_t^k，再固定 V_{t+2}^k，用同法求得新值 V_{t+1}^{k*}，并用 V_{t+1}^{k*} 代替 V_{t+1}^k，使 $t=2,3,\cdots,T$ 循环迭代，完成一轮计算。

步骤 3，把前一轮求出的新轨迹替代旧轨迹，重复步骤 2，然后比较两轮轨迹，判断 $|V_t^{k+1}-V_t^k| \leq \varepsilon$ 是否满足精度，如不满足，则用 $k+1$ 次求得的轨迹替代 k 次轨迹，重复步骤

3,否则转到步骤4。

步骤4,$k+1$ 次轨迹为最优轨迹,按此轨迹计算各时段最优目标函数等。

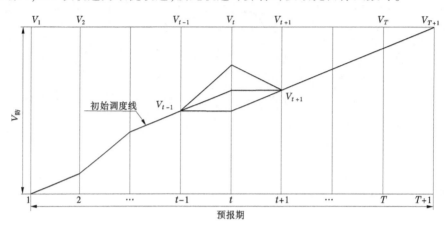

图 3-45　逐次迭代算法(POA)求解步骤示意图

三、洪水调度不同阶段主要目标的选择

在洪水调度的不同阶段,主要目标的选择有所区别,为了使软件具有广泛的适用性,软件中构造适用于不同阶段的不同防洪调度模式,具体有如下几种:

(1)水位控制模式。

该调度模型,将水库水量平衡方程中水库最高水位作为关键因子,将水库最高控制水位转化为约束条件,水库最高水位是水库实时防洪调度的重要控制指标,当洪水位于涨水段,后续降雨难以确知时,保持适当的水库最高控制水位非常重要,水位控制模型的目标是在保证水库水位控制条件的前提下,使水库的最大下泄量最小,即应以上述所说的最大消峰准则进行调度,水位控制模型通常应用于水库自身防洪形势比较紧张的情形。

(2)出库控制模式。

该调度模型,将水量平衡中出库流量作为关注变量,与水位控制模式不同,该模型可以迅速准确地将水库最大出库流量规定到希望的范围在内,该调度模型考虑出库流量限制和最高水位限制,当出库流量限制条件生效时,其目标是使水库最高水位最低。当出库流量不起约束时,则尽可能利用由允许最高水位规定的允许调蓄库容削减洪峰。

(3)补偿控制模式。

该调度模式关注水库水位与出库流量,根据水库距保护区距离不同,可采用完全补偿调节与近似错峰调节的方式。补偿调度的目标为,在保证水库最高水位与调度期末水位约束的前提下,使防洪控制断面的最大过水量最小。

(4)规则控制模式。

各水库都有既定调度规则,这些调度规则大多是基于水位作指标的分级调度原则,或者是以入库流量为控制指标的分级调度原则,在设计时大多未考虑预报因素,是相对保守的调度方式,一般情况下,实时预报调度方式的效果比规则调度方式要好,但正因为调度规则的安全可靠性,人们常常认为该方案可作为考核预报调度软件效果的基础方案。

（5）指令控制模式。

一些重要的防洪水库，其调度是分级的，在水库水位或入库洪水超过某种限制时，调度权归上级部门，水库调度人员在执行上级防汛部门的调度指令时，需要对调度指令所产生的后果进行分析，并将分析的结果反馈给上级防汛指挥部门。

（6）预报预泄模式。

该调度模式为经典预报预泄模式，该调度方式能体现大水大放、小水小放的优点，经典的预报预泄方式在预泄效果上可能比前述方法略差，但在短期洪水预报可靠时，它可以保证预泄的可靠性，防止由于预泄过度导致水库水位难以恢复。因此，经典的预报预泄模型在汛末使用比较理想，因为在汛末由于汛期水位的不稳定，常常使水库管理人员陷入既怕防洪不安全又怕水库难以有效回蓄的两难境地。

水库调度过程，是一个多人会商的过程，不确定性因素较多，在做调度决策时需要进行多侧面的分析比较。需要考虑各种不利的因素影响。因此，调度系统软件首先应具有快速、直观、全面的仿真能力，其次应具有良好的人工干预机制。

四、软件结构

汾河水库洪水调度系统软件主界面见图 3-46，其功能可概括为几个方面。

图 3-46 汾河水库洪水调度系统软件主界面

（一）信息服务功能

（1）基本控制条件、基本资料的输入。提供友好界面、输入、修改模型需要的各类控制条件和基本资料。

（2）水库特征曲线的修改、查询、使用及水库特征值的查询与修改。水库常用的特征曲线（如库容曲线、泄流能力曲线等）、特征值（如装机容量、特征水位、特征库容等）在水库运行期间常会发生变化，平时运行管理人员还经常利用水库的特征曲线，软件提供灵活、方便的修改、查询、使用的界面，可实现相关工作电子化。

（3）软件使用说明与防洪系统情况的描述。包括软件使用指南，以及防洪系统中社会经济情况、气象水文情况、工程设施情况、防洪系统图（可兼作调度结果空间查询的界面）等。

（4）数据库存储。负责与系统数据库的连接、预报结果以及实时水雨情信息的读取、调度方案的保存与查询、实施方案的保存与查询等。

（二）方案集生成功能

该功能是软件的核心功能之一，汾河水库水情自动测报系统根据不同的需要软件构造了六种适合不同情形的调度模型，针对不同的模型可以任意调整控制条件，获得不同的调度方案，为调度决策时的系统仿真提供了强有力的工具。

方案集生成功能将决策者关心的基本信息、重要控制条件，以及一些包含误差的决策因子汇集在一起，采用直观的图形操作与后台强大的模型系统相配合的方式，在群会商时为决策者们提供可视化极强的辅助会商工具（系统仿真）。该功能还可兼作模型计算结果的灵敏度分析工具，是决策者能对感兴趣的方案做进一步的分析，为增强决策可靠性提供有力的保证。

（三）方案管理功能

汾河水库水情自动测报系统采用不同的模型，同一种模型采用不同的控制条件，进行全方位、多侧面的分析比较，是决策过程中决策者最常采用的方法，但是方案过多，又常常影响决策者的判断，为此，软件提供了方案集的管理功能，包括显示查询计算方案的详细信息、方案排序、方案删除、灵敏度分析、最终方案存储以及采用方案的闸门操作实施等功能。

（四）防洪形势分析功能

防洪形势是防洪决策的重要依据，软件对工情信息的变化通过调整水库或者下游防洪点的控制条件来反映，对雨情、水情大小的判断与跟踪，是及时调整防洪决策的重要依据，软件以历史的雨情频率曲线和水情频率曲线（含洪峰、洪量）为参照，利用自动化测报系统实时采集的水雨情资料，进行实时雨情与水情的动态分析，为决策者提供决策支持，同时，软件可调阅历史上任意洪水（数据库中保存信息）的实际调度结果，供决策者在做决策时参考。

五、主要界面设计

系统的主控窗口见图 3-47，软件系统的功能结构见图 3-48。

图 3-47　系统的主控窗口

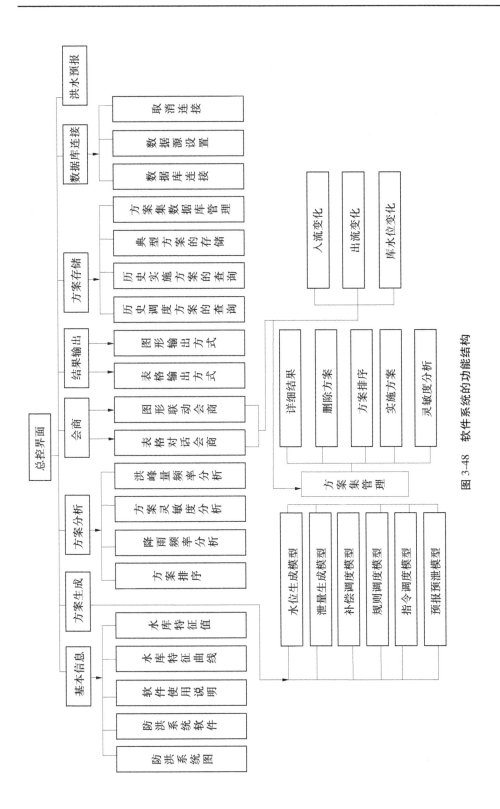

图 3-48　软件系统的功能结构

根据软件结构,采用视窗风格设计了控制条件输入、结果输出、数据修改、信息管理等28组界面,实现软件的各项功能。

(一)防洪形势分析

防洪形势的分析,对正确进行防洪调度决策至关重要,防洪形势包括当时的工程情况和水雨情,工程有无病险,库水位是否过高等具体情况,是确定水库调度控制条件的重要依据,水雨情的进程与变化趋势,对调度决策人员的心理与判断都产生较大的影响,尤其是当降雨量或者入库流量达到特定的频率时,水雨情将成为调度决策的重要依据。汾河水库水情自动测报系统软件提供以下辅助分析功能:①将水库设计或者水库参数复核时采用的设计暴雨频率曲线、设计洪峰流量的频率曲线、不同时段洪量的频率曲线可视化。②从水情自动化测报系统数据库中按指定时段读取数据,并给出统计分析结果,以动态跟踪水雨情的发展进程,直观显示到目前为止的降雨量频率、入库洪峰流量频率、时段洪量频率等。③查询历史上洪水的水雨情演变情况、实际调度结果,为面临时刻的调度决策提供参考。

(二)方案管理

当调度人员构造的调度方案太多时,就将影响其判断。因此,软件设计了对所生成的方案的管理功能,内容包括以下几种:

(1)明显劣方案的删除功能。将一些影响判断的差方案从方案集中删除。

(2)详细计算结果的查询与输出功能。在决策过程中,决策者往往需要了解调度计算的详细过程,以及某一方案所采用的控制条件,为此软件设置了临时数据库,对应保存了各个方案的详细计算结果表及相应的初始条件与控制条件,并能用图形表示各种表项的变化过程,提供中间方案的图标打印功能。

(三)方案排序功能

当方案较多时,决策者常常需要快速了解方案集中的方案对某一指标的优劣,为此,软件设置了以水库最高水位、最大下泄流量、防洪控制点最高水位等指标为线索的方案排序功能。

(四)灵敏度分析功能

软件可将方案集中的任意方案传递给会商系统,进行进一步的灵敏度分析。

(五)方案存储功能

为了能够在洪水过后对洪水过程中的决策进行回顾,以总结经验,软件对每次决策时所最终采用的调度方案的详细计算结果及相应的初始条件、控制方案予以保存,并能随时查询、打印输出。

(六)方案实时操作功能

当实施方案确定之后,需要确定各泄洪设施的具体操作方式,或者根据设计时既定的闸门开启顺序,确定各闸门的开启度,软件设计了闸门操作界面,为确定已知下泄流量时的闸门组合提供了直观有效的工具。

数据库对象设置及资料录入,如图3-49、图3-50所示。

水库特征资料编辑如图3-51所示。流量计算界面如图3-52所示。

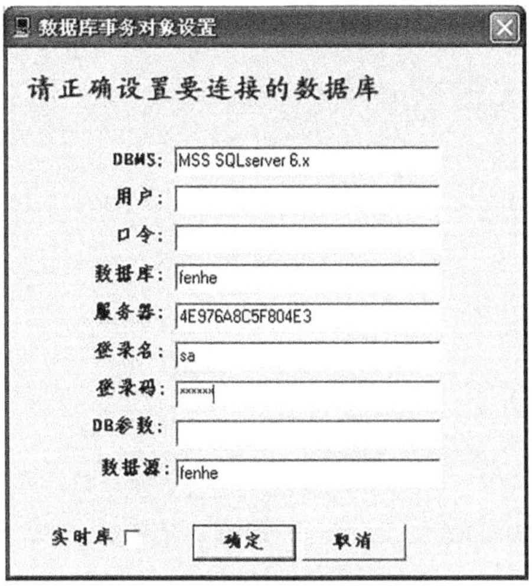

图 3-49 数据库对象设置

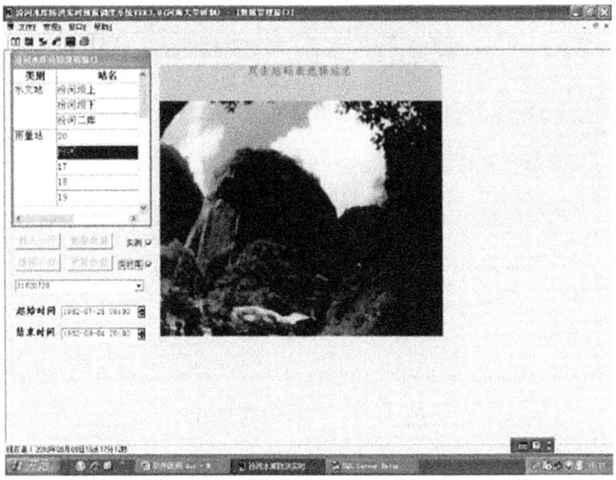

图 3-50 资料录入

图 3-51 水库特征资料编辑

图 3-52　流量计算界面

软件设置窗口如图 3-53 所示。

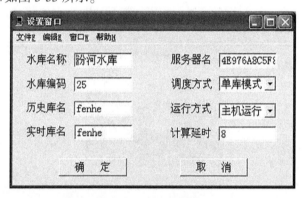

图 3-53　软件设置窗口

(七)调度结果的多种查询功能

在进行新一轮的调度决策时,常常需要回顾最近一次调度决策的情况,软件设计了利用防洪系统图查询调度结果、利用菜单驱动查询调度结果等方法,并对查询结果实现图、表多种显示。

洪水过后,向上级部门汇报洪水调度情况,是水库运行管理人员的日常工作之一,为此,软件设计了流域平均降雨量直方图、水库水位变化过程线、入库流量过程线、出库流量过程线四位一体的综合图。该图具有洪水特征的统计功能,能自动统计洪峰流量及其出现的时间与相应的频率,某时段洪量及其相应频率。该组合图具有直接从数据库读数、从数据文件读数、通过界面上的表格人工输入数据等多种获取数据的渠道,并可设置不同的时段长。该组合图可按多种尺寸打印,对每一条曲线可设置光划线、阶梯线、折线等线型,并可任意组合。

第四章 汾河水库土石坝自动化监测系统的开发

第一节 汾河水库土石坝监测系统及其现状

汾河水库土石坝监测系统包含土石坝位移自动化监测系统及土石坝渗流渗压自动化监测系统两大部分,尽管两个系统建设年代不同、技术水平不同、监测对象不同、设计思想不同,但对于汾河水库土石坝的安全至关重要,且各具特色,鉴于此,本书分别列写,以献给广大的水利工作者。

一、汾河水库大坝安全监测的必要性

汾河水库以下的太原、晋中、临汾、运城 4 个市及所辖 18 个工农业县(区、市),是全省人口稠密、工农业经济较发达的平原地区,沿岸有南同浦铁路、大运高速、108 国道、307 国道、太原机场等重要交通枢纽,是山西省的经济命脉。尤其是在太原附近有煤矿、钢铁、化工、电力等大型厂矿企业,是能源重化工基地重点地区。因此,汾河水库安全度汛直接关系到太原盆地的安危,关系到山西省政治和国民经济的正常发展。特别是引黄入晋后,汾河水库作为引黄工程的调节水库和山西省最大的地表饮用水水源工程,功能发生了改变,大坝的安全运行在汾河水库日常管理中尤为重要。

二、汾河水库安全监测现状

汾河水库目前已建成的观测体系,主要项目有大坝沉陷和水平位移、坝体固结和孔隙水压力、坝基渗压和坝体浸润线、坝体渗流量、坝体内部变形和下游水位等。浸润线共计 53 个观测孔位,主坝 39 个、左坝 8 个、右坝 6 个;左坝基渗压 41 个观测孔位,主坝 5 个、左坝 20 个、右坝 16 个;孔隙水压力观测孔都在主坝,总计 35 个。变形监测部分,汾河水库主坝段在背水区的 18 m 高程面有 3 个监测点,40 m 和 60 m 高程面上各有 5 个监测点,在向水区的 50 m 高程面上有 5 个监测点,左副坝坝顶 60 m 高程面上有 1 个监测点,共计 19 个监测点。汾河水库库容及淤积测量工作每年进行一次。以上监测项目均为人工观测。近几年汾河水库库区面临的塌岸问题也比较突出。

虽然原有安全监测设施揭示了大坝运行状态与存在问题,对保证大坝安全运行发挥了重要作用。但限于初建时的条件和技术水平,在观测项目、设备与观测手段等方面都比较落后,观测设施不仅与现行规范的要求存在差距,与水库的重要性也不相称。经多年运行后,部分观测设施损坏或老化,同时观测手段落后,观测工作量大、精度低。汾河水库库容及淤积测量工作每年进行一次,传统的人工观测方法存在着耗时耗力且精度较低等诸多问题。

(一)表面变形监测

2009 年坝体安装了 GPS 接收机配合测量机器人用于监测大坝表面位移变形,左右岸

共设 2 个基准点,在大坝坝顶(包括主坝、左副坝、右副坝)设 5 个观测点,可以实现自动化,系统自成一套,但没有预留接口。测量机器人布设在坝体上,用于监测坝坡面上布设的位移变形监测点。目前采取手工多次测量取平均值和 GPS 相结合的方式来实施大坝外部变形监测(见图 4-1),测量效果不理想。

(a)坝顶路面纵向裂缝　　　　　　　　　　　(b)上游坡

(c)GPS基站　　　　　　　　　　　(d)GPS基站

(e)表面变形点和测压管　　　　　　　　　　　(f)表面变形点

图 4-1　表面变形监测

(二) 渗流监测

大坝坝体填土砂砾较多，外坡较陡。目前测量方式主要采用测压管人工手动测量。大坝共设测压管131处，平均深度在30 m。由于坝体测压管为建坝初期安装，目前淤堵失效较多。

渗流量测量共设5个量水堰，人工测量，其中损坏1处。

大坝无绕坝渗流观测设施，不能满足《土石坝安全监测技术规范》(SL 551—2012)的要求。

(三) 内部变形监测

原坝体的挠度测量采用测斜管人工手动测量，共设置了3个测斜孔，测孔深度58 m，测量数据单位116个。目前测斜管基本损坏，无法进行测量。

(四) 环境量监测

水温、水位、淤积、降雨监测均为半自动化形式，测量数据人工填报。

(五) 视频监测

管理局办公区目前已有较为完善的视频监控系统，并能传至中心控制室。大坝和溢洪道无任何视频设备。

(六) 地震监测

根据国家质量技术监督局2001年2月2日发布的1/400万《中国地震动峰值加速度区划图》(见图4-2)，该区地震动峰值加速度为0.20 g，地震动反应谱特征周期为0.45 s，对应的地震基本烈度为Ⅶ度。大坝无地震监测设施。

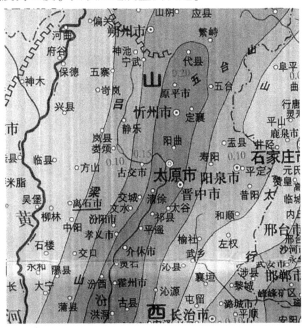

图4-2　工程区及周边地区地震动峰值加速度区划

(七) 防雷系统

坝体地势较高且较为空旷，容易遭雷击，坝区防雷系统单薄，现有设备经常遭受雷电破坏。

(八)通信现状

有租用运营商线路、水利专网、海事卫星几种：

(1)租用运营商线路。水库对外通信通过租用联通 10 M 专线(私人名义),含有相关的业务通信和基本办公需求,而且运营商网络基本覆盖库区。

(2)水利专网。属于防汛办,负责全省统一高清视频会议(省厅开会,不含分支需求,即防汛专家会商系统,只是会场通信,不含联动)和水情报警,省级 5M 带宽,地市 10M。

(3)海事卫星通道。只负责应急情况下的语音电话业务,没有视频信息。

(4)广播系统。目前库区旅游区有广播,坝上没有广播。

汾河水库大坝作为目前世界上最高的人工水中填黄土均质坝,在变形监测、库容淤积与塌岸监测等方面实行自动化安全监测是相当必要的。

此项工程的实施也是汾河水库管理局由传统水利管理向现代管理发展迈出的重要一步。

第二节　汾河水库土石坝变形监测系统

前已叙及,在大坝安全监测中,变形监测的自动化是最重要也是最不容易实现的部分,是大坝安全监控中不可或缺的监测内容。汾河水库目前已建成的土石坝变形自动化观测体系主要包括水平位移监测、垂直位移监测以及水库库容与淤积测量、库区塌岸监测等。

一、汾河水库土石坝位移自动化监测系统的实现目标

汾河水库目前已建成的土石坝变形自动化观测体系以 GPS 结合测量机器人的方案实现,主要内容如下。

(1)采用 GPS 结合测量机器人的方案实现汾河水库大坝的变形监测,实施自动化监测开发。

(2)利用实时动态 GPS 水上测量系统进行水库库容与淤积测量、库区塌岸监测。

(3)建设安全监测数据综合公共平台,整合监测数据资源,实现数据集中管理,便于安全监测综合分析与管理。

二、汾河水库大坝位移自动化监测系统的开发

根据汾河水库大坝的实际情况以及全方位、实时、自动化、高精度的监测要求,变形监测部分采用 GPS 结合测量机器人的综合监测方法来进行汾河水库大坝体的变形监测,该系统主要由 GPS 实时自动化监测系统及测量机器人自动化监测系统组成。

(一)汾河水库大坝 GPS 实时位移自动化监测系统方案的选择

目前的 GPS 实时自动化变形监测系统主要有两大类:第一类是在每个监测点上建立无人值守的 GPS 观测系统,每台 GPS 接收机连接一个 GPS 天线实现对该测点的连续跟踪观测,通过数据传输网络和控制软件,实现实时监测和变形分析、预报等功能,其特点是数据连续性好、信噪比高、解算精度高,可满足高精度的大坝变形监测需求（国内如西龙

池大坝安全监测系统、隔河岩大坝 GPS 自动化监测系统;国外如美国钻石谷水坝安全监测、意大利卡尔波尼亚水坝安全监测、Swiss Photo Group AG 的 3 个主要水坝、美国 Pacoima 大坝和 Libby 大坝安全监测等);第二类是一机多天线模式的 GPS 监测系统,即用一台 GPS 接收机同时连接多个 GPS 接收机天线,各天线分布在相应的监测点上。GPS 多天线的最大优点是减少了接收机的台数,节省了监测成本,但缺点是数据连续性差、信噪比差、监测精度不高,适用于滑坡监测。

由于汾河水库大坝的监测精度要求高、实时性强,所以采用第一类的 GPS 实时变形监测系统进行大坝坝顶的变形监测为较理想的方案。

1. GPS 接收机类型

GPS 接收机是 GPS 自动化监测系统中关键的一环,其性能的好坏将直接影响监测系统的精度指标、可靠性及使用年限。因而,根据精度、可靠性等要求,汾河水库 GPS 自动化监测系统使用的 GPS 接收机满足以下条件:

(1)双频 GPS 接收机。实验及研究表明,单频接收机的定位精度不能满足水库大坝的要求。

(2)定位精度高,能满足有关规范的规定。

(3)抗多路径的高性能接收天线。

(4)接收机抗干扰性强,观测噪声小。

(5)仪器性能稳定可靠,故障率低,在较恶劣的工作条件下能长期正常运行。

(6)销售商及生产厂有较好的商业信誉,能提供良好的售后服务。

根据规范要求的监测精度,比选国内外各类型的仪器设备,采用来自于瑞士徕卡测量系统股份有限公司的 GMX902 型 GPS 接收机和 TCA2003 型全自动型测量机器人。

2. 位移自动化监测网点技术设计

汾河水库实时自动化监测系统控制点应包括两类:连续跟踪监测站、基准站。根据实地现场观测、测试分析论证等工作,按照以下的原则及要求选站并布设站点。

1)GPS 监测子系统选点原则与要求

一般来说,监测点位接收 GPS 卫星的能力与测站周围的观测环境有很大的关系,监测精度与观测时长息息相关。所以,在选点时采用如下两种类型的点位:

(1)基准站(基准点)。该类点离坝较远,是水库坝体及库岸边坡表面变形监测中的参考点,目的是作为形变监测的基准,作为连续运行基准站;由于该基准点有位于地质条件良好、点位稳定、能提供电源且适合进行 GPS 观测的地方,因此每个基准点上设置了坚固稳定的观测墩,建有钢质强制对中装置,且有盖板和 GPS 保护罩保护。

(2)监测点。该类点位于主坝坝顶、左副坝顶及右副坝顶,四周无遮挡,目的是监测主坝面、左副坝体、右副坝体外部的形变,作为工程安全控制性测点的连续运行监测站;与基准点一样,接收机天线用强制对中器对中并进行整平、定向、量取仪器高后固定安放在观测墩上,然后在天线外安装了专用的保护罩。天线与接收机之间用专用电缆连接,外用套管保护。

2)监测点位分布

汾河水库自动化变形监测系统的数据采集需要连续不间断地进行,因此在坝体及近坝库区布置连续运行的基准站与监测站。监测站的位置根据坝体的结构、地质情况、观测环境在坝体及库岸边坡表面布置。依据实地勘测与相关地质资料,在库区的东岸和西岸高(山)坡上选择 2 个 GPS 监测系统的基准点(GPS1,GPS2),在距库区较远的上游区域设置 1 个基准点(GPS0),作为 GPS1、GPS2 的校测基准点,GPS0 不需要固定安装 GPS 接收机,只要进行定期的观测即可。GPS 监测系统的监测点主要集中在坝顶(包括主坝、左副坝、右副坝)表面,初步设计布置 5 个监测点 (GPS3~GPS7),各点的位置见图 4-3、图 4-4。

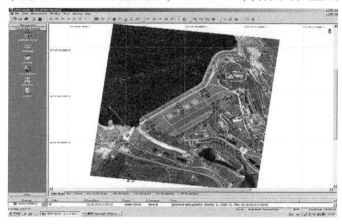

图 4-3　GPS 实时自动化监测系统及测量机器人自动化监测系统点位布置

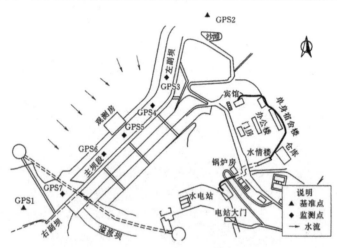

图 4-4　GPS 点位布置图

为了对基准站 GPS1、GPS2 进行稳定性监测,除了此处所提到的布设 GPS0 检校基准站外,也可定期将其与武汉、北京、上海等 IGS GPS 跟踪站联测,加强稳定性监测。

测量机器人监测系统监测的主要区域为大坝背水区坝面不同高度处的变形,同时兼顾有效监测区域内的溢洪道、水电站、高边坡等变形,两台测量机器人布设在坝体附近合适的位置,建长期观测房,实现长期连续的观测。原汾河水库主坝段在背水区的 18 m 高程面有 3 个监测点,40 m 和 60 m 高程面上各有 5 个监测点,在向水区的 50 m 高程面上有 5 个监测点,左副坝坝顶 60 m 高程面上有 1 个监测点,加上监测校核点共计 19 个监测点,为保证汾河水库监测资料的连续性,新建系统监测点位与大坝原有的监测点保持一致,在坝体 4 个高度面上布设监测棱镜。监测点位选择如图 4-5 所示。

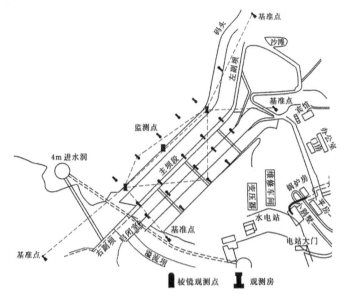

图 4-5　测量机器人观测房及观测点布置

由于测量机器人布设在变形体上,实时获得测量机器人测站的准确位置尤为重要,因此将坝顶测量机器人、GPS 重叠布置,即在两个观测房上同时设 GPS 监测点和棱镜观测点,此外坝体的左岸、右岸的下游的稳定处分别设 4 个棱镜基准点,构造成后方交会边角网,同时结合 GPS 高精度基线成果,实时解算测量机器人的精确坐标,提供实时的测站基准。

大坝坡面变形点的监测采用测量机器人边角前方交会的方式进行。

3. GPS 位移监测系统组成

汾河水库大坝变形 GPS 自动化监测系统主要由数据采集、数据传输、数据处理、数据分析、数据管理和系统控制 6 个部分组成。

1)数据采集部分

大坝 GPS 变形监测系统的数据采集主要在 7 个 GPS 连续跟踪监测站上完成,7 台高精度的 GPS 双频接收机分别固定安置在 2 个基准站与 5 个监测站上,24 h 连续运行,数据经传输光纤引至监测控制室内。对于 GPS 监测子系统的 2 个基准点,工程实施铺设光纤采用架空方式完成;基准站及监测点上的 GPS 接收机进行观测时,接收机采集信息可自动传回监测室,因而在监测室内即可监测每台 GPS 接收机的工作状况并设置各种参数,如截止高度角、采样间隔等。同时,一旦有接收机出现异常情况,监测室将实时提供报警信息;对于伪距、载波相位观测值和广播星历等信息,按照设定的采样间隔经光缆实时传输到监控中心,并按照设定的处理时段长进行数据处理;采集的数据进行归档存入数据库。

2)数据传输部分

及时准确地传输观测资料及有关信息是建立 GPS 自动化监测系统中的一个重要环节。数据传输流程如图 4-6 所示。

数据传输流程说明:

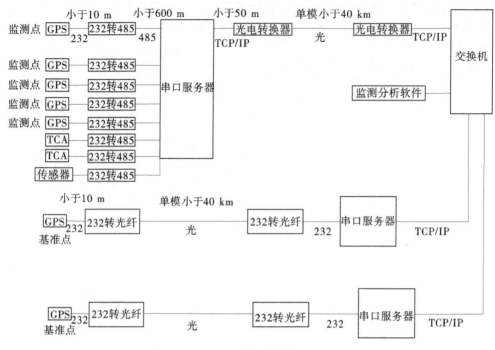

图4-6　数据传输流程

（1）每个GPS的天线和接收机连接方法为：①GPS连接方式为AX1203+GNSS天线与GMX902GG连接，连接线为天线的馈线，需要注意馈线需要使用馈线避雷器；②GMX902GG的数据端口，使用GEV160数据线缆，传送出RS232信号。

（2）GPS基准站的连接方法为：①GPS数据电缆的RS232信号，端口是DB9的接口，直接连接在232转光纤的转换器上；②注意该转换器必须是低温型的，信号转换为光信号；③信号传输一定距离后，再使用同类型的低温型232转光纤的转换器，信号再次转化为RS232信号；④RS232信号接入单串口服务器MOXA 5110，转化为TCP/IP信号，接入交换机；⑤Spider服务器与GeoMoS服务器均与交换机连接。

（3）5个GPS监测站、2个TCA2003、1个温度传感器的连接方法为：①GPS数据电缆的RS232信号，端口是DB9的接口，直接连接在232转485的转换器上；②注意该转换器必须是低温型的，信号转换为RS485信号；③信号传输一定距离后，接入多串口服务器MOXA 5630-16，信号再次转化为TCP/IP信号；④使用1对低温的光电转换器，实现TCP/IP信号—光信号—TCP/IP信号的转换；⑤TCP/IP信号，接入交换机；⑥Spider服务器与GeoMoS服务器均与交换机连接。

数据传输部分由布设在系统控制部分与数据采集部分间的数据通信网络所构成，功能主要包括：将数据采集部分采集到的原始数据（伪距、载波相位、广播星历等）传送到系统控制部分；将数据采集部分的工作状态传送到系统控制部分；将系统控制部分发出的控制指令发送给数据采集部分；当系统控制部分、数据处理部分和监控部分位于不同的主机上时，负责这几个子系统间的数据和指令的传输。

3）数据管理、数据处理分析与系统控制部分

数据处理在控制中心完成，监测室（控制中心）有总控计算机、存储备份设备、打印机

等硬件设备,这是自动化监测系统的核心,由总控、数据处理、数据分析、数据管理四个模块组成。总体设计:总体框架图见图4-7。图4-8为数据传输实时画面。

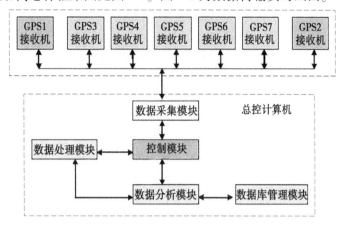

图 4-7　GPS 工作框架

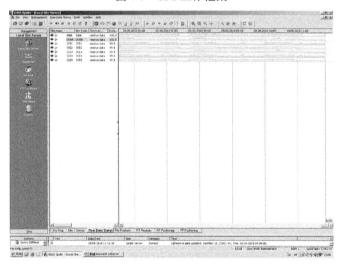

图 4-8　数据传输实时画面

(1)总控模块负责整个系统数据传输控制,自动完成数据流的分发、管理、GPS 接收机工作状况的实时监控和报警等。主要功能包括:从服务器中取得各 GPS 接收机(基准站、监测点)的面板信息并在 PC 机上显示。同时发送用户为更改接收机参数(例如采样间隔、截止高度角、时段长度等)而发布的命令;从服务器中取得各接收机的观测数据并发送给数据处理模块进行数据处理,同时从数据分析模块中取得结果;将观测数据、数据处理结果、数据分析结果装入数据库,供数据库管理模块使用;数据处理模块:自动完成数据格式转换、清理、数据解算、坐标转换、输出、精度评定等。

(2)数据处理采用专用高精度形变监测软件进行,软件具有以下功能:自动数据选择时段截取功能,自动进行数据处理的功能,对成果可靠性进行判断的功能,运行错误控制和处理功能,自动保存结果及清理数据功能。

(3)数据分析模块,自动进行变形参数精度、灵敏度分析、基准稳定性分析、变形量时序、频谱分析、变形直观图输出、显示等;主要功能包括:WGS—84坐标系和大坝坐标系的坐标转换,观测时段的精度分析,工作基点的稳定性分析,各监测点的变形分析,位移过程线的显示,位移量的时域分析,变形的频域分析,变形体的应变分析。

(4)数据管理模块,自动完成数据压缩、进库、转储、库文件管理、打印各种报表等。主要功能包括:数据的完好性检验、自动归档入库,数据的备份与恢复,提供数据安全日志管理。

系统安全管理:用户识别与认证、操作跟踪与告警、系统安全日志管理。

数据应用:数据信息格式的转换、数据检索查询、提取、统计、打印、转存。

4. 大坝GPS位移自动化监测系统主要硬件设备

大坝GPS位移自动化监测系统主要硬件设备有:①高精度双频GPS接收机(包括高性能的接收天线);②数据传输电缆;③数据通信设备;④计算机设备及数据备份设备;⑤相应的基建设施及防雷设备。

5. 大坝GPS位移自动化监测系统软件系统

基于现有的数据处理技术,结合汾河水库GPS自动化监测系统的实际情况,采用GNSS(包括GPS/GLONASS)双星卫星信号数据自动后处理定位软件——Spider软件。

GPS Spider软件可以同时通过各种不同的通信方式如普通数据线串口直接连接(RS232)、TCP/IP、互联网、内联网、无线电台、GSM/CDMA流动通信等,同时控制及显示多个GPS台站的操作情况,有利于系统的管理。

GPS Spider具备多台站连接功能,用户不需重新购置软件,具备可扩展性;用户在GPS台站上不需要电脑,GPS Spider软件已可通过各种通信方式直接连接到各个台站的GPS接收机内进行所需的设定及数据下载。

GPS Spider软件是采用全自动化的操作概念,只要电脑是保持在开机状态,GPS Spider就能根据用户预先设定的程序及参数自动运行及生成不同的数据文件;软件具备远程监控的功能,系统可设定每位操作员的权限,操作人员可于任何地点通过互联网遥控及观察系统的运行。

GPS Spider具备方便的操作向导,引导用户进行所有的设定,用户可设定静态观测数据的保存及分析、数据转送给各不同的服务器等;Spider软件可自动按时编制不同的数据文件,如原始测量数据(RINEX格式/Hatanaka)、原始测量数据、数据质量检查文件及报警记录文件等。

GPS Spider使用Microsoft SQL/MSDE开放式数据库管理程序,同时访问多个部件,更有效管理、储存及提取所需的数据及质量检查文件;Spider采用服务器端和客户端结构设计,客户端作为一项独立的应用,已经具备遥控操作接口,随时关闭客户端而不会停止服务器端操作。多个客户端可同时访问一个服务器端;多个用户可同时在一台计算机上运行。

GPS Spider软件具备完整的系统运行状况显示功能,包括:卫星跟踪状况,如卫星数目、编号、PDOP、GDOP、HDOP、VDOP、高度角、水平角、卫星跟踪平面图及未能跟踪的卫星资料及位置;数据文件储存情况,如存放位置、文件编号、长度及内存卡已使用及未用的空间等。

(二)测量机器人实时监测系统

1. 测量机器人监测系统选站原则

变形监测点:在变形监测点为固定水泥墩,上有简易遮阳(雨)设备,主要安置反射棱镜。

基准站:在基准站上主要安置反射棱镜,同时架设 GPS 天线,考虑和大坝坝顶的 GPS 监测站并址建设,其主要技术为:高出地面加保护套管和护盖、强制对中装置、简易遮阳(雨)设备。

测量机器人监测站:在监测站上主要安置测量机器人,同时需架设 GPS 天线,主要技术为:高出地面加保护套管和护盖、强制对中装置、预留联机通信电(光)缆,建造 1 个观测房,可连续 24 h 监测,同时也是坝区高科技管理的重要人文景观。观测房见图 4-9。

图 4-9　观测房

观测房仪器操作步骤如下:

第一步,插电源,将数据线和仪器连接,红点对红点插入(取时拔铁环,不要拔塑料连接头)。

第二步,数据线与仪器连接后,仪器会自动开机并进入"ON LINE"模式,此时因为需要整平仪器,可以按两下"ON/OFF"键,进行关机,然后再按一下"ON/OFF"键,进入仪器开机初始界面。

第三步,按"调平键",出现电子气泡调平状态,此时通过调节脚螺旋,使仪器严格调平,电子气泡居中后,按"CONT"键确认,仪器退到开机初始界面。

第四步,在开机初始界面,按"F1"键,进入通信设置模式,然后再按数字键"1",进入"ON LINE"选择模式,再按 F5 对应的"YES",进行确认;然后仪器瞄准基准点。

第五步,通过对讲机与控制机房人员联系,开始基准点照准测试。完成基准点测试,架设站点工作完成。

2.测量机器人监测系统的基本结构

1)测量机器人实时监测系统

充分利用 GPS 的实时监测成果为测量机器人提供动态的参照基准,构造自动化的测量机器人实时监测系统,对大坝背水区坝面不同高度上的大量变形点作周期性的持续监测,系统将发挥 GPS 与测量机器人的特点,在计算机网络的联系下实现二者的有机集成。

该系统的基准点设 4 个基准点组成基准网,基准网中可选择 2 个或 3 个作为 GPS 持续基准站,剩下的作为定期检测的依据和以防万一遭破坏备用。

2)测量机器人实时监测系统的远程监控

在现场监控主机无人值守情况下,可以实现 Internet 远程监控的功能,使人们足不出户就可以对整个系统进行监控与管理。

远程监控软件通过 Intenet 网络实现对基站自动化监测软件的实时监控,主要完成两个方面的任务:一是要实时获取所有的基站自动化监测信息;二是需要与基站自动化监测软件进行双向的信息交流,即当需要改变观测方案或仪器参数设置时,可在远程监控软件与基站自动化监测软件间建立请求、应答模式的信息交互,从而实现对远程基站自动化观测的控制。

远程监控软件运行在监控中心的计算机上,其主要实现的功能是数据的管理和查看,从而达到远程指挥和控制现场测量机器人的目的。

远程监控是基于网络的 TCP 协议开发的,运行时需要两端计算机都要接入 Internet 网络,计算机接入 Internet 网络方式是多种多样的,测量机器人远程监控具体连接方式见图 4-10。

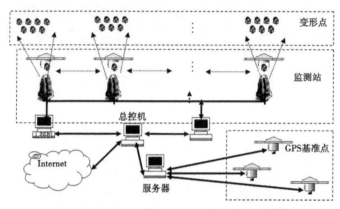

图 4-10　测量机器人远程监控具体连接方式

3)系统数据的处理、管理与分析

(1)GPS 成果的获取。

为了保证测量机器人监测系统进行正常的实时处理和变形分析,需要实时地从 GPS 监测系统中获取基准变形信息。对于汾河大坝监测系统来说,这些基准信息可以从位于坝顶的 GPS 和测量机器人并址监测站的 GPS 处理成果获得。

(2)测量机器人监测数据处理。

在测量机器人单站极坐标或多站交会变形监测系统中,为了保证监测精度,必须考虑大气条件的变化对距离测量的影响。一般情况下,需进行大气折射率对距离影响的实时差分改正、球气差对高差测量的影响改正及水平方位角的差分改正。

综合以上各项差分改正,依极坐标计算公式可准确求得每周期各变形点的三维坐标:

$$X_P = D_P \cdot \cos H_{ZP} + X^0$$
$$Y_P = D_P \cdot \sin H_{ZP} + Y^0 \qquad\qquad (4-1)$$
$$Z_P = \Delta h_P + Z^0$$

式中　　X^0、Y^0、Z^0——监测站的坐标值。

若以变形点第一周期的坐标值(X_P^1, Y_P^1, Z_P^1)作为初始值,则各变形点相对于第一周期的变形量为:$\Delta X_P = X_P - X_P^1$,$\Delta Y_P = Y_P - Y_P^1$,$\Delta Z_P = Z_P - Z_P^1$　　　　。

(3)监测数据分析。

数据分析的主要任务是基于从数据处理模块中获取工作点的坐标,以及数据库中的相应坐标等数据源,对输出结果量进行图形化显示、对比,以得到直观形象的结果。与GPS实时监测系统类似,主要内容包括:观测时段的精度分析、工作基点的稳定性分析、各监测点的变形分析、位移过程线的显示、位移量的时域分析等。

①观测时段的精度分析:对观测时段的数据结果中误差进行分析。

②工作基点的稳定性分析:工作基点在一定时期内的稳定状况。

③监测点的变形分析:各监测点在一定时期内变形的趋势、大小。

④位移过程线的显示:各监测点在同一时刻位移量的图形随时间变化的情况。

⑤位移量的时域分析:各监测点的位移量随时间变化的情况。

对于数据的频域分析、变形体的应力分析等内容,采用将有关数据输入到其他变形分析系统中的方法。监测点的数据分析见图4-11。

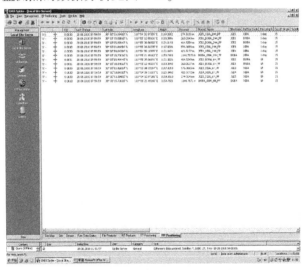

图 4-11　监测点的数据分析

3.硬件

测量机器人自动化监测系统主要硬件设施如下:①高精度全站仪;②数据传输电缆与数据通信设备;③观测棱镜及保护装置;④温度与压力传感器。⑤相应的基建设施及防雷设备。

4. 软件——GeoMoS 系统软件

选用 GeoMoS 系统软件,协助测量机器人完成自动化监测。GeoMoS 系统软件是专门针对结构建筑物监测应用设计的现代化大型多传感器自动监测系统,其特点如下:支持多用户进入的大型数据库;强大的事件管理能力(超限、电力故障、盗窃);精确管理复杂的测量流程;可以使用电缆、无线数据链、调制解调器、GSM、LAN 和 WAN 自动完成数据同步和分配;可以提供可视化和数字分析手段;可与 GNSS Spider 软件协同作业,以平衡监测系统的负载和实现更加复杂强大的 GPS 后处理解算功能,实现分布式系统的整体构架;可以支持用户自定义变形限差控制并实时监控和报警。软件主界面如图 4-12 所示。

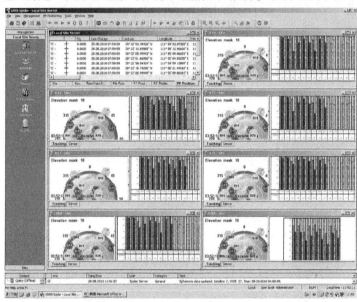

图 4-12　软件主界面

(三) 库容、淤积测量及塌岸监测

通过 GPS 配合测深仪组成的水下测量系统对水库水下淤积进行地形测量,可以快速地了解水库泥沙淤积现状,准确高效地测量出水库最新库容,积累泥沙淤积的基本资料,对于准确分析大坝承受力、变形状况(尤其是水库高水位运行阶段或汛期库区雨水充沛库容增加时期),调水调沙研究,水库塌岸与生态水保研究及今后水库的运行调度提供大量可靠的水下基础数据。库容、淤积测量主要是在水上应用 RTK 结合测深仪进行。

1. 水下地形测量原理

水下地形测量包括两部分:定位和水深测量。定位采用的是 GPS 差分定位模式,而水深测量采用的是回声测深仪的方法。这样就可以确定水底点的高程:

$$G_i = H - (D + \Delta D) \tag{4-2}$$

式中　G_i——水底点高程;

　　　H——水面高程;

　　　D——测量水深;

　　　ΔD——测深仪换能器的换算值。

在观测条件比较好的情况下,考虑 RTK 具备比较高的高程确定精度,H 值通过 GPS 接收机及对应天线高可直接求得,D 值通过测深仪换能器也可直接求得,ΔD 值一般可直接量取得到。所以,应用 GPS RTK 技术结合测深仪可得到水底高程,水下地形测量可轻松实现。

2.水深测量的基本步骤

水深测量的作业系统主要由 GPS 接收机、测深仪、便携式计算机及相关软件等组成。水深测量作业分三步:

第一步,测前的准备。①准备能源供给。一般小型测量船都没有额外的电力供应,所以测深仪及 GPS 接收机一定要保证充足的能源供应,否则在船上没有电源就只能半途而废了。②建立任务。设置好坐标系、投影、转换参数。转换参数有四参数和七参数之分,同时应用电台模式 RTK 及网络 RTK,对参数求取都有所不同。③作计划线。

第二步,外业数据采集。①首先要将换能器固定在船上,换能器连接线通过固定杆内部后,换能器一定要很好地和杆子固定在一起;固定螺丝一般放在船前进方向的反方向,这样可以避免水中杂物缠绕而导致螺丝松动,保证固定杆尽量垂直。②将 GPS 接收机、数字化测深仪和便携机等连接好后,打开电源,设置好记录设置、GPS 和测深仪接口、接收机数据格式、测深仪配置、天线高、吃水,并将测深参数进行调整后就可以测量了。

第三步,数据的后处理。数据后处理是指利用相应配套的数据处理软件对测量数据进行后期处理,形成所需要的测量成果——水深图及其统计分析报告等,所有测量成果可以通过打印机或绘图机输出。

(四)安全监测综合平台的应用

汾河水库安全监测综合平台系统,通过监测数据接口工具,可以实现对各类监测数据(如变形监测、渗流监测、水情预报等)的统一管理,便于综合分析。

汾河水库大坝安全监测综合平台系统实现的基本功能如下:

(1)数据采集。实现对各类监测仪器进行多种形式的数据采集,包括连续采集、周期采集、随机采集、定时自动采集。

(2)数据比对。实现传统人工观测与自动化观测的数据的定期对比。在系统发生故障时,可为系统的运行提供校测。

(3)数据通信。包括现场级通信和管理级通信。现场级通信为测控单元和监控主站间的数据传输;管理级通信为监测主站和上级管理部门之间的数据传输,通信方式可分为定时发送和网上查询。

(4)资料维护、存储。系统能够对实时观测的数据自动存储,对考证资料、观测资料进行维护,包括人工录入、查询、修改、删除、备份等。

(5)资料分析、评价。系统根据较长系列的监测资料,建立监控数学模型,确定有关监控指标,对工程安全性态进行在线监控,并能进行越限报警;同时能够对长系列库存监测资料进行分析计算,实现工程性态的离线分析等。

(6)故障自诊断。监控主站可监视系统各主要设备的工作状态,具备设备故障自诊断功能。

第三节　汾河水库土石坝渗流渗压的监测

一、概述

渗流及渗压是监测大坝安全最重要的物理量,渗压监测方法是用测锤(无压)和压力表(有压)量测。随着监测自动化的发展,渗压的遥测仪器已在工程中得到推广应用。目前面市的渗压计基本上可以分为振弦式、电感式、电阻式和压阻式四类。其中振弦式渗压计以国外产品为主,国内产品较少;差动电感式渗压计为我国研制的产品;电阻式渗压计有贴片渗压计和差动电阻式渗压计;压阻式是一种新型的压力传感器,其芯片采用扩散硅微加工工艺集成,其精度和长期稳定性已有很大提高,国内已有产品在推广应用。

渗流量最基本的量测方法是利用量杯、秒表直接在测点上量读。近代发展起来的电测仪器一般有两种方法进行渗流量监测,一种为对排水孔进行单孔量测,采用管口渗流量仪,此种应用不多。另一种为汇流到量水堰进行量测,它又可分为量测堰前水位和量测堰后水位两类。第一类量测仪器有国外的超声波渗流量测仪和国内的电容式量水堰渗流量测仪,第二类量测仪器有国外的基于振弦式原理的微压传感器。

本节内容对汾河水库土石坝渗流渗压监测系统进行简介。汾河水库渗流及渗压目前已建成的观测体系,主要项目有孔隙水压力、坝基渗压和坝体浸润线、坝体渗流量和下游水位等。浸润线共计 53 个观测孔位,主坝 39 个、左坝 8 个、右坝 6 个;左坝基渗压 41 个观测孔位,主坝 5 个、左坝 20 个、右坝 16 个,孔隙水压力观测孔都在主坝总计 35 个。虽然原有安全监测设施揭示了大坝的运行状态与存在问题,对保证大坝安全运行发挥了重要作用。但限于初建时的条件和技术水平,在观测项目、设备与观测手段等方面都比较落后,观测设施不仅与现行规范的要求存在差距,与水库的重要性也不相称。经多年运行后,部分观测设施损坏或老化,同时观测手段落后,观测工作量大、精度低。汾河水库库容及淤积测量工作每年进行一次,传统的人工观测方法,存在着耗时耗力,且精度较低等诸多问题。

汾河水库大坝作为目前世界上最高的人工水中填黄土均质坝,原施工中安装的观测设施大部分已经损坏,目前仅能实现汾河水库土石坝渗流的人工观测(共 5 处),图 4-13、图 4-14 为土石坝渗流人工观测的量水堰断面。

量水堰断面主要是量测坝体、坝基渗漏水量。

二、汾河水库渗流监测现状

汾河水库现有的工程观测项目是从 1961 年后陆续建立起来的,其中主要是大坝安全监测。到目前大坝安全监测项目有坝体渗流观测、坝体表面变形观测、坝体内部变形观测,另外有 8 m 泄洪洞变形观测。其中,坝体渗流观测包括左右坝基渗流、左坝岸渗流、古河床坝体绕渗、浸润线(通过测压管水位获得)和渗水透明度观测。

目前,坝体渗流观测作业中的浸润线、左右坝基渗流、左坝岸渗流每周一观测一次;渗水透明度平时不测,仅在大坝发生异常渗流,水变浑时观测。

图 4-13　坝基钢制直角三角形量水堰板

图 4-14　绕坝渗流坝基钢制直角三角形量水堰

　　汾河水库的监测设施为水库大坝的安全运行与管理起到重要作用。但部分监测设施已运行 40 余年,存在老化失效问题,如水库坝体浸润线观测,在坝体内埋有 131 根测压管,目前实际观测使用的有 100 根,但测压管自动观测系统中的传感器、信号传输线及其应用软件已老化失去应用功能,不能进行观测数据的自动采集,仅能靠人工观测后输入到 FOXPRO 数据库文件中。

　　渗流量测量共设 5 个量水堰,人工测量,其中损坏 1 处。大坝无绕坝渗流观测设施,不能满足《土石坝安全监测技术规范》(SL 551—2012)的要求。

三、汾河水库渗流 ARI 模型

(一)ARI 模型建立

　　基于 SAS 平台对汾河水库左坝岸渗流序列进行时间序列分析,建立相应 AR/ARI 模型,具体步骤如下:

　　步骤 1,做出渗流实测数据的散点图,如图 4-15 所示。

　　步骤 2,异常点的检验与处理。系统由于受到来自系统外部或内部的干扰会产生异常点,异常点的出现会使我们对系统动态变化规律的研究产生偏差,影响判断的准确性,也能从侧面反映出系统的运行稳定性、灵敏度等问题,对于异常点,需对其进行识别与处理。异常点是在一组随机数据中与数据整体平均水平偏离远的数据点,表现为极端大或极端小,在异常点的检验过程中假设原序列是平滑的,异常点是突变的,有

$$\overline{X}_t - kS_t < X_{t+1} < \overline{X}_t + kS_t \tag{4-3}$$

其中,$\overline{X}_t = \dfrac{1}{t}\sum_{j=1}^{t}X_j$,$S_t^2 = \overline{X_t^2} - \overline{X}_t^2$,$\overline{X_t^2} = \dfrac{1}{t}\sum_{j=1}^{t}X_j^2$,$k \in [3,9]$,通常取 $k=6$。若 X_{t+1} 满足

式(4-3),则不是异常点;反之,则为异常点,需进行修正,通常用 $\hat{X}_t$ 进行修正,表达式为

$$\hat{X}_t = 2X_t - X_{t-1} \tag{4-4}$$

　　需说明的是,如果 t 期以前的数据太少,则很难辨别数据的奇异性。

　　从图 4-15 可直观地看出数据 $3.76(t=19)$ 产生突变,判断其是否为异常点。根据汾河水库左坝岸渗流量的实测数据,求得 $\overline{X}_t = 2.680\,6$,$S_t = 1.405\,8$,且满足

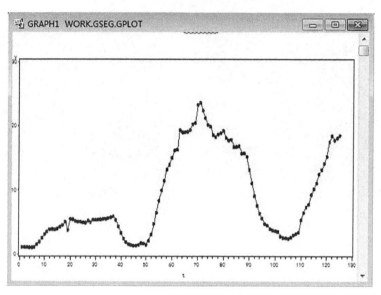

图 4-15　渗流数据时序

$$3.76 \in (\overline{X_t} - 6S_t, \ \overline{X_t} + 6S_t) \tag{4-5}$$

因此,数据 3.76 不是异常点。

步骤 3,渗流序列平稳性检验。从图 4-15 可看出渗流序列不平稳,进一步结合自相关函数检验法进行验证,自相关函数如图 4-16 所示。由图 4-16 可知,自相关函数衰减缓慢,说明渗流序列存在一定的非平稳性。

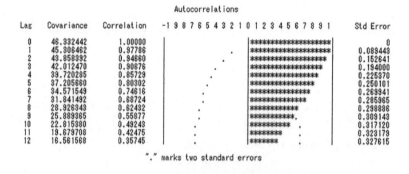

图 4-16　渗流数据自相关函数图

步骤 4,对渗流序列进行差分运算。渗流序列经一阶差分运算后仍不平稳,对其进行二阶差分运算,经二阶差分处理后的渗流序列的时序如图 4-17 所示,自相关函数如图 4-18 所示。观察图 4-17 发现,经二阶差分处理后的渗流序列基本平稳,进一步考察二阶差分后渗流序列的自相关图,自相关图显示出渗流序列具有很强的短期相关性,可认为二阶差分后渗流序列平稳。

步骤 5,对经二阶差分运算后的渗流序列进行白噪声检验。采用 LB 检验统计量进行检验,检验结果如图 4-19 所示。由图 4-19 可看出,在延迟阶数为 6,检验水平为 0.05,临界值为 $\chi^2_{0.05}(6)$(查 χ^2 分布表知,$\chi^2_{0.05}(6)$ 的值为 12.59)的情况下,二阶差分后渗流序列

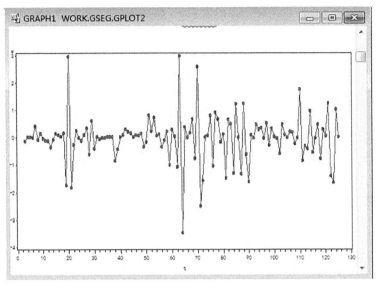

图 4-17　渗流序列二阶差分后时序

```
                                Autocorrelations

Lag    Covariance    Correlation    -1 9 8 7 6 5 4 3 2 1 0 1 2 3 4 5 6 7 8 9 1      Std Error

  0      0.732761        1.00000    |                    |********************|             0
  1     -0.331340        -.45218    |           *********|   .                |      0.090167
  2    -0.0013165        -.00180    |              .     |   .                |      0.107027
  3      0.060717        0.08286    |              .     |** .                |      0.107027
  4     -0.106771        -.14571    |              .  ***|   .                |      0.107547
  5      0.104965        0.14325    |              .     |***.                |      0.109141
  6     -0.175953        -.24012    |              ***** |   .                |      0.110659
  7      0.160138        0.21854    |             .      |****.               |      0.114817
  8     -0.052570        -.07174    |             .     *|    .               |      0.118150
  9    -0.0078070        -.01065    |             .      |    .               |      0.118504
 10      0.067764        0.09248    |             .      |**  .               |      0.118512
 11     -0.047271        -.06451    |             .     *|    .               |      0.119097
 12      0.052776        0.07202    |             .      |*   .               |      0.119381

                         "." marks two standard errors
```

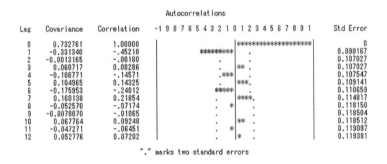

图 4-18　渗流序列二阶差分后自相关函数

的 LB 检验统计量值 Q_{LB} 均大于临界值，且检验统计量的 P 值均小于 0.05，并显著小于显著性检验水平 0.01，表明二阶差分后的渗流序列为非白噪声序列，可进行建模。

Autocorrelation Check for White Noise

To Lag	Chi-Square	DF	Pr > ChiSq	Autocorrelations					
6	39.64	6	<.0001	-0.452	-0.002	0.083	-0.146	0.143	-0.240
12	49.13	12	<.0001	0.219	-0.072	-0.011	0.092	-0.065	0.072
18	55.34	18	<.0001	-0.123	-0.058	0.127	-0.065	0.068	-0.017
24	59.34	24	<.0001	-0.002	-0.016	-0.091	0.094	-0.032	-0.089

图 4-19　白噪声检验

步骤 6，对二阶差分后的平稳非白噪声渗流序列进行模型拟合。模型阶数由 BIC 准则确定，BIC 值最小时相应模型阶数最优，本书根据 BIC 准则确定渗流序列的最优模型为 AR(2)，且通过对模型的不断调整，模型参数均通过显著性检验，模型参数估计及检验结果见图 4-20。由图 4-20 知，AR(2)模型的参数估计的 t 统计量的 p 值都小于 0.05，模型参数显著。

步骤 7，判断渗流序列的模型残差是否为白噪声。判断依据为在各延迟阶数下，若

```
              Conditional Least Squares Estimation

                              Standard            Approx
  Parameter      Estimate      Error    t Value  Pr > |t|    Lag
  AR1,1         -0.57164      0.08791    -6.50    <.0001       1
  AR1,2         -0.26386      0.08845    -2.98    0.0035       2
```

图 4-20　模型参数估计及检验结果

LB 检验统计量的 $P($Pr $>$ChiSq$)$ 值大于检验水平,则为白噪声,否则为非白噪声。取定检验水平为 0.05,AR(2)模型残差的白噪声检验结果如图 4-21 所示。由图 4-21 可看出,在各延迟阶数下,LB 检验统计量的 P 值均大于检验水平 0.05,残差序列为白噪声,表明 AR(2)模型适应渗流序列。

```
                 Autocorrelation Check of Residuals

   To      Chi-           Pr >
  Lag     Square   DF    ChiSq  ------------------Autocorrelations------------------
    6       8.00    4    0.0915  -0.011   -0.058   -0.088   -0.137   -0.005   -0.178
   12      13.21   10    0.2121   0.155    0.017    0.054    0.101   -0.008   -0.037
   18      22.62   16    0.1244  -0.192   -0.101    0.100    0.034    0.093    0.003
   24      26.91   22    0.2147  -0.045   -0.094   -0.108    0.019   -0.053   -0.053
```

图 4-21　残差序列的白噪声检验

(二)ARI 模型预报

将汾河水库左坝岸渗流序列进行二阶差分还原,记汾河水库左坝岸渗流序列为 $\{Y_t\}$,对 $\{Y_t\}$ 所拟合的模型为 ARI(2,2),其表达式为:

$$Y_t = 1.428\,4Y_{t-1} - 0.120\,6Y_{t-2} - 0.043\,9Y_{t-3} - 0.263\,9Y_{t-4} + \varepsilon_t \qquad (4\text{-}6)$$

对汾河水库左坝岸渗流序列进行 6 步预测,预报结果见图 4-22,预报区域见图 4-23。

```
              Forecasts for variable y

   Obs      Forecast     Std Error     95% Confidence Limits
   126      18.6644       0.7430       17.2082      20.1205
   127      18.9303       1.2954       16.3912      21.4693
   128      19.1845       1.9267       15.4081      22.9608
   129      19.4027       2.6896       14.1313      24.6742
   130      19.6446       3.5168       12.7519      26.5373
   131      19.8825       4.4139       11.2313      28.5336
```

图 4-22　ARI 模型预报值

需要说明的是,图 4-23 中,"∗"代表原始数据点;实线代表预报值;虚线为 95% 的置信上限和下限。

由图 4-23 可看出,原始数据几乎都落在预报区域内,且越是近期的数据,其与预报曲线越接近,模型的拟合效果越好。总体来说,ARI(2,2)模型的拟合效果较好,预报结果较精准。

(三)汾河水库渗流 EMD-ARI 模型

对汾河水库左坝岸渗流序列经 EMD 分解所得的 4 阶 IMF 分量进行时间序列分析,建立相应的 AR/ARI 模型,分析过程如下:

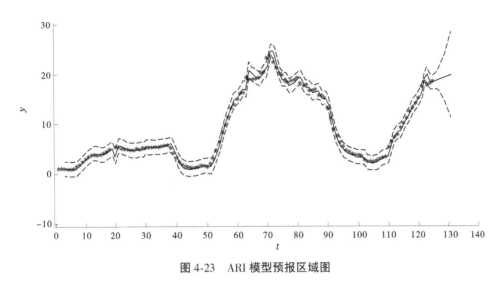

图 4-23　ARI 模型预报区域图

（1）用 ADF 单位根检验法检验 IMF1—IMF4 分量的平稳性，检验统计量为 T，检验结果如表 4-1 所示。

表 4-1　ADF 单位根检验结果

	IMF1	IMF2	IMF3/∇IMF3	IMF4/∇IMF4
T 统计量值	−9.31	−2.65	2.02/−3.6	1.89/−3.19

由表 4-1 可知，IMF1 与 IMF2 分量的 T 统计量值小于临界值−1.95，为平稳序列，IMF3 与 IMF4 分量的 T 统计量值大于临界值，不平稳，对 IMF3 与 IMF4 分量进行一阶差分，得 ∇IMF3 与 ∇IMF4 分量，∇IMF3 与 ∇IMF4 分量经检验平稳。

（2）检验 IMF1—IMF4 分量的纯随机性。采用 LB 检验统计量对各阶 IMF 分量进行检验，检验结果如表 4-2 所示。

表 4-2　纯随机性检验结果

	IMF1	IMF2	∇IMF3	∇IMF4
Q_{LB} 统计量值	19.4	161.67	585.90	658.59
Q_{LB} 统计量的 P 值	0.003 5	<0.000 1	<0.000 1	<0.000 1

由表 4-2 可看出，在延迟阶数为 6、检验水平为 0.05、临界值为 $\chi^2_{0.05}(6)$（查 χ^2 分布表知，要 $\chi^2_{0.05}(6)$ 的值为 12.59）的情况下，各阶 IMF 分量的 LB 检验统计量值 Q_{LB} 均大于临界值，且检验统计量的 P 值均小于 0.05，表明渗流序列的各阶 IMF 分量均为非白噪声序列。

（3）各阶 IMF 分量拟合 AR/ARI 模型。模型阶数由 BIC 准则确定，BIC 值最小时相应模型阶数最优，根据 BIC 准则确定 IMF1—IMF4 分量的最优模型分别为 AR(1)、AR(9)、ARI(4,1)、ARI(7,1)，且通过对模型的不断调整，最终 IMF1—IMF4 分量的模型参数均通过显著性检验,IMF1~IMF4 分量的预报区域见图 4-24~图 4-27。

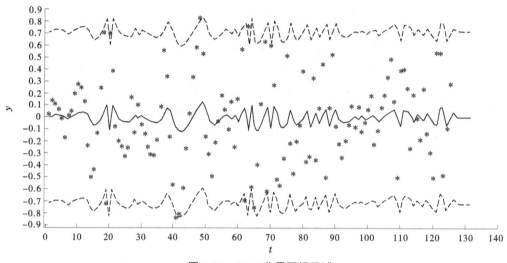

图 4-24　IMF1 分量预报区域

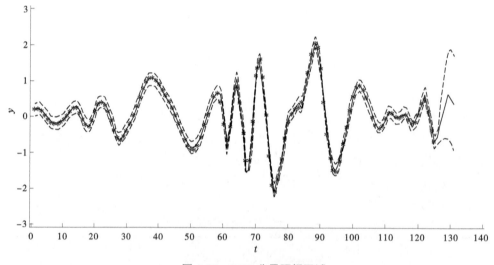

图 4-25　IMF2 分量预报区域

说明:图中黑色"＊"和黑色"●"代表原始数据点,实线代表预报值,虚线为 95%的置信上限和下限,下同。

(4)判断 IMF1~IMF4 分量的模型残差是否为白噪声。判别依据为在各延迟阶数下,若 LB 检验统计量的 $P(\mathrm{Pr}>\mathrm{ChiSq})$ 值大于检验水平,则为白噪声,否则为非白噪声。取定检验水平为 0.05,经检验 IMF1~IMF4 分量的模型残差均为白噪声,表明 AR(1)、AR(9)、ARI(4,1)、ARI(7,1)模型适合相应阶 IMF 分量。

IMF1 分量的模型表达式为:

$$Y_t = 0.146\ 96Y_{t-1} + \varepsilon_t \tag{4-7}$$

IMF2 分量的模型表达式为:

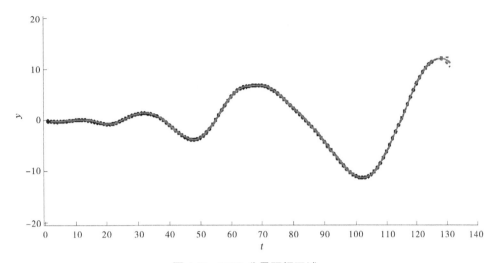

图 4-26　IMF3 分量预报区域

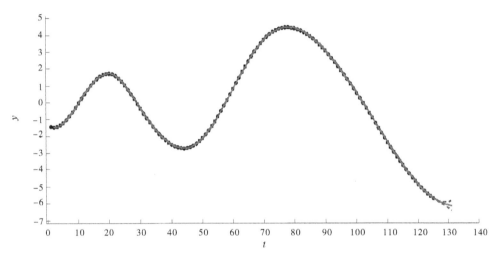

图 4-27　IMF4 分量预报区域

$$Y_t = 0.15921 + 2.93822Y_{t-1} - 4.17019Y_{t-2} + 3.54230Y_{t-3} -$$

$$1.80241Y_{t-4} + 1.27744Y_{t-6} - 1.63524Y_{t-7} + 1.04092Y_{t-8} - 0.31421Y_{t-9} + \varepsilon_t$$

$$(4-8)$$

IMF3 分量的模型表达式为：

$$Y_t = -0.10195 + 4.18518Y_{t-1} - 7.08848Y_{t-2} + 6.12364Y_{t-3} -$$

$$2.72765Y_{t-4} + 0.50731Y_{t-5} + \varepsilon_t \qquad (4-9)$$

IMF4 分量的模型表达式为：

$$Y_t = -0.05119 + 4.01178Y_{t-1} - 6.81951Y_{t-2} + 6.92838Y_{t-3} - 5.3918Y_{t-4} +$$

$$3.76166Y_{t-5} - 2.22501Y_{t-6} + 0.92154Y_{t-7} - 0.18704Y_{t-8} + \varepsilon_t \qquad (4-10)$$

Res 趋势分量的表达式为：

$$y = (1E - 09)t^5 - (3E - 07)t^4 + (2E - 06)t^3 + 0.0024t^2 + 0.0137t + 2.3026$$

$$(4-11)$$

由于趋势项具有明显的单调性,因此用线性方程对其进行拟合。

(5)模型重构。将 4 阶 IMF 分量的拟合模型 AR(1)、AR(9)、ARI(4,1)、ARI(7,1)与 1 阶趋势项的拟合模型进行重构,建立 EMD-ARI 渗流预警混合模型,混合模型共含有 31 个参数,重构数据共计 116 组,应用非线性高斯-牛顿(Gauss-Newton)法进行重构后得到的模型参数最小二乘估计值如表 4-3 所示。

根据表 4-3,得汾河水库左坝岸渗流预警混合模型(EMD-ARI 模型)的结构。

表 4-3　EMD-ARI 模型参数重构结果

模型参数估计	IMF1	IMF2	IMF3	IMF4	Res 趋势项
φ_1	0.101 0	3.098 4	−0.102 0	−0.051 2	−3.08E-8
φ_2		3.462 7	−2.641 5	125.4	0.000 010
φ_3		−4.923 4	18.378 5	−459.9	−0.001 22
φ_4		3.521 9	−31.225 4	854.1	0.057 5
φ_5		−1.233 6	22.174 3	−1 048.3	−0.852 3
φ_6		1.165 3	−5.863 1	796.1	2.302 6
φ_7		−2.219 8		−244.1	
φ_8		1.880 9		−76.387 1	
φ_9		−0.625 1		55.755 0	

EMD-ARI 模型预报值与实测值的重叠散点图如图 4-28 所示。观察图 4-28 发现,实测值与预报值大部分都是重叠的,13 个点除外。

EMD-ARI 模型的预报结果如表 4-4 所示。

表 4-4　EMD-ARI 模型的预报结果

日期(年-月-日)	实测值	预报值
2003-11-24	18.53	18.759 3
2003-12-01	19.60	19.704 2
2003-12-08	19.68	19.888 0
2003-12-15	19.71	19.830 1
2003-12-22	19.68	19.302 8
2003-12-29	18.17	18.308 0

(四)汾河水库渗流 EEMD-ARI 模型

1. AR/ARI 模型建立

汾河水库左坝岸渗流序列经 EEMD 分解得 6 阶 IMF 分量与 1 阶残余分量,对 6 阶 IMF 分量进行时间序列分析,建立相应 AR/ARI 模型,分析步骤同前,最终确定 IMF1~IMF6 分量的最优模型分别为 AR(6)、AR(7)、ARI(4,1)、ARI(6,1)、ARI(6,2)、

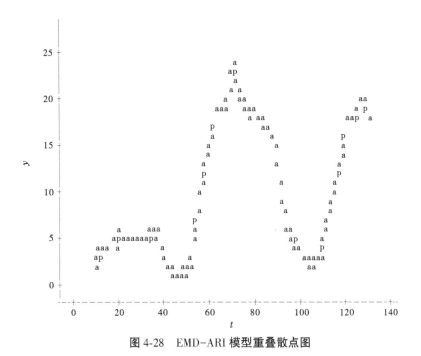

图 4-28　EMD-ARI 模型重叠散点图

ARI(6,1)。IMF1-IMF6 分量的预报区域见图 4-29～图 4-35。

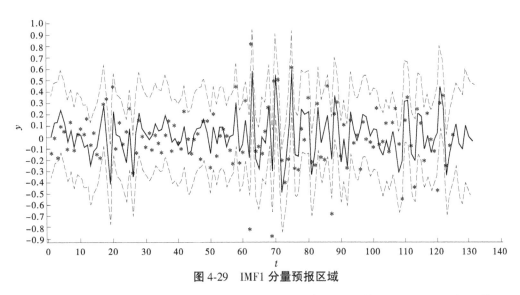

图 4-29　IMF1 分量预报区域

说明：图中"＊"和"●"代表原始数据点，实线代表预报值，虚线为 95% 的置信上限和下限。

EEMD 分解所得的 Res 趋势分量具有明显的单调性，因此对其进行线性方程拟合，拟合表达式为：

$$y = (1E - 19)t^4 - (4E - 19)t^3 - 0.000\,8t^2 + 0.209\,9t + 0.472\,6 \qquad (4-12)$$

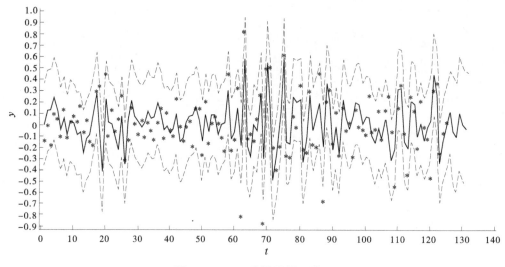

图 4-30　IMF1 分量预报区域

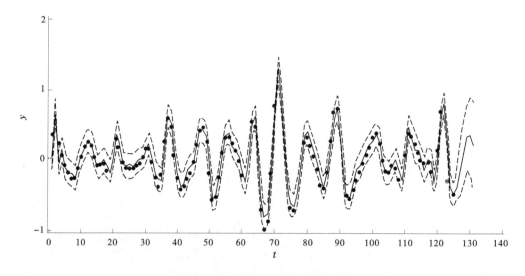

图 4-31　IMF2 分量预报区域

2. EEMD-ARI 模型建立

基于 SAS 平台将 6 阶 IMF 分量的拟合模型 AR(6)、AR(7)、ARI(4,1)、ARI(6,1)、ARI(6,2)、ARI(6,1)与 1 阶趋势项的拟合模型进行重构,建立 EEMD-ARI 渗流预警混合模型,混合模型共含有 47 个参数,重构数据共计 117 组,应用非线性高斯-牛顿(Gauss-Newton)法进行重构,得到的模型参数最小二乘估计值如表 4-5 所示,据此可以推求 EE-MD-ARI 渗流预警混合模型的结构。

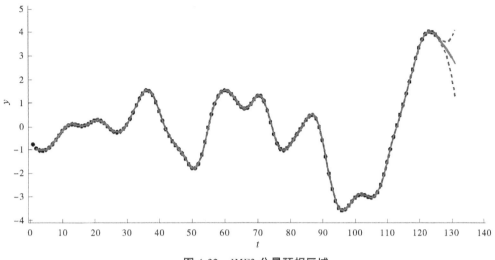

图 4-32 IMF3 分量预报区域

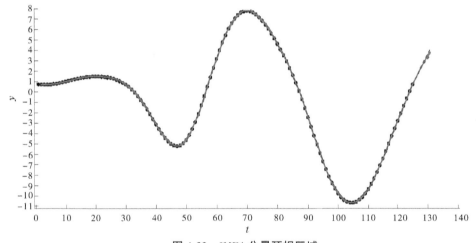

图 4-33 IMF4 分量预报区域

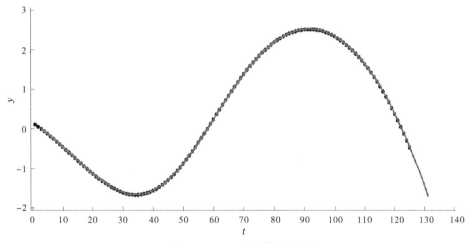

图 4-34 IMF5 分量预报区域

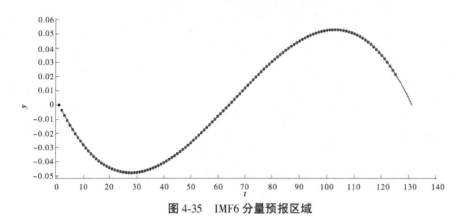

图 4-35 IMF6 分量预报区域

表 4-5 EEMD-ARI 模型参数重构结果

模型参数估计	IMF1	IMF2	IMF3	IMF4	IMF5	IMF6	趋势项
φ_1	−1.133 7	−4.445 9	−0.213 7	−0.047 5	−0.002 76	−0.003 89	−3.52E−7
φ_2	−1.101	2.293 7	5.830 6	−68.632 5	490.3	−197.9	0.000 046
φ_3	−0.804 7	−2.197 6	−9.627 3	336.5	−6 731.5	−4.446 8	−0.000 8
φ_4	−0.511 4	1.444 3	5.051 5	−741.2	22 365.2	3.117 6	0.209 9
φ_5	0.122 5	−0.525	0.860 1	941.8	−36 386.7	−1.725 6	0.472 6
φ_6		−0.085 2	−0.922 5	−704	37 551.6	1.002	
φ_7		0.020 5		280.6	−28 362.5	−0.438	
φ_8				−44.385 7	14 769.2	125.8	
φ_9					−3 698.2		

EEMD-ARI 模型预报值与实测值的重叠散点图如图 4-36 所示。

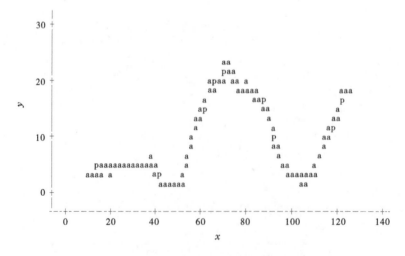

图 4-36 EEMD-ARI 模型重叠散点图

由图 4-36 可以看出,实测值与预报值绝大部分都是重叠的,8 个点除外,说明 EEMD-ARI 模型的拟合效果较好。

EMD-ARI 模型的预报结果如表 4-6 所示。

表 4-6　EEMD~ARI 模型预报结果

日期(年-月-日)	实测值	预报值
2003-11-24	18.53	18.631 0
2003-12-01	19.60	19.534 0
2003-12-08	19.68	19.697 4
2003-12-15	19.71	19.625 7
2003-12-22	19.68	19.454 2
2003-12-29	18.17	18.458 1

(五)汾河水库渗流模型成果对比分析

1. 三模型检验结果对比分析

对汾河水库左坝岸渗流量监测数据分别建立了 ARI 模型、EMD-ARI 模型和 EEMD-ARI 模型,为了达到评价各监控模型拟合效果与预报精度的目的,采用相对误差(RE)、残差平方和(SSE)、拟合优度(R^2)、平均绝对百分比误差($MAPE$)四个指标对模型进行检验,检验结果分别见表 4-7~表 4-9。

表 4-7　ARI 模型检验结果

日期 (年-日-月)	实测值	预报值	相对误差 $RE(\%)$	残差平方和 SSE	拟合优度 R^2	平均绝对百分比 误差 $MAPE(\%)$
2003-11-24	18.53	18.664 4	0.73	0.018		
2003-12-01	19.60	18.930 3	3.42	0.449		
2003-12-08	19.68	19.184 5	2.52	0.246		
2003-12-15	19.71	19.402 7	1.56	0.094	0.988	7.777
2003-12-22	19.68	19.644 6	0.18	0.001		
2003-12-29	18.17	19.882 5	9.42	2.933		

观察表 4-7~表 4-9 可知:

(1)ARI 模型预报值与实测值的相对误差 RE、残差平方和 SSE 较 EMD-ARI 模型、EEMD-ARI 模型整体偏大,表明 ARI 模型的预报精度低于 EMD-ARI 模型和 EEMD-ARI 模型。

表 4-8 EMD-ARI 模型检验结果

日期 (年-日-月)	实测值	预报值	相对误差 RE(%)	残差平方和 SSE	拟合优度 R^2	平均绝对百分比 误差 MAPE(%)
2003-11-24	18.53	18.759 3	1.24	0.053		
2003-12-01	19.60	19.704 2	0.53	0.011		
2003-12-08	19.68	19.888 0	1.06	0.043	0.997	5.427
2003-12-15	19.71	19.830 1	0.61	0.014		
2003-12-22	19.68	19.302 8	1.92	0.142		
2003-12-29	18.17	18.308 0	0.76	0.019		

表 4-9 EEMD-ARI 模型检验结果

日期 (年-日-月)	实测值	预报值	相对误差 RE(%)	残差平方和 SSE	拟合优度 R^2	平均绝对百分比 误差 MAPE(%)
2003-11-24	18.53	18.631 0	0.55	0.010		
2003-12-01	19.60	19.534 0	0.34	0.004		
2003-12-08	19.68	19.697 4	0.09	0	0.999	2.264
2003-12-15	19.71	19.625 7	0.43	0.007		
2003-12-22	19.68	19.454 2	1.15	0.051		
2003-12-29	18.17	18.458 1	1.59	0.083		

（2）ARI 模型第 6 步预测的相对误差值 9.42%较前 5 步预测的相对误差值明显增大，且远大于 EMD-ARI 模型、EEMD-ARI 模型第 6 步预测的相对误差值 0.76%、1.59%，表明 ARI 模型适用于进行 5 步预测，第 6 步预测误差较大，EMD-ARI 模型、EEMD-ARI 模型可用于进行 6 步甚至更多步预测。

（3）EMD-ARI 模型预报值与实测值的相对误差 RE、残差平方和 SSE 较 EEMD-ARI 模型整体偏大，表明 EMD-ARI 模型的预报精度与对渗流量的解释程度低于 EEMD-ARI 模型。

（4）ARI 模型、EMD-ARI 模型与 EEMD-ARI 模型的拟合优度分别为 0.988、0.997、0.999，满足 0.988<0.997<0.999，表明 EEMD-ARI 模型的拟合效果最优，EMD-ARI 模型次之，且 EEMD-ARI 模型与 EMD-ARI 模型的拟合效果均优于 ARI 模型。

（5）ARI 模型、EMD-ARI 模型与 EEMD-ARI 模型的平均绝对百分比误差分别为 7.777、5.427、2.264，满足 7.777>5.427>2.264，而平均绝对百分比误差值越大，则预报值与原始值的差别越大，即预测效果越差，因此，EEMD-ARI 模型的预测效果优于 EMD-ARI 模型，EMD-ARI 模型又优于 ARI 模型。

2. 三模型残差对比分析

ARI 模型、EMD-ARI 模型和 EEMD-ARI 模型的残差图分别如图 4-37~图 4-39 所示。

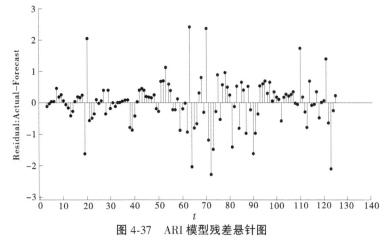

图 4-37 ARI 模型残差悬针图

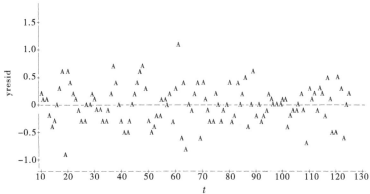

图 4-38 EMD−ARI 模型残差散点图

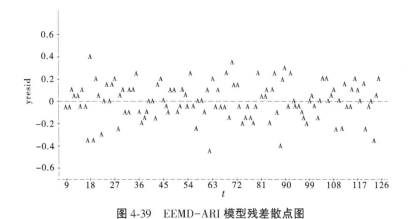

图 4-39 EEMD−ARI 模型残差散点图

由图 4-37~图 4-39 可看出,ARI 模型、EMD−ARI 模型和 EEMD−ARI 模型的残差较为均匀地分布在 X 坐标轴两侧,残差正负皆有。ARI 模型的残差值范围为区间(−2.5,2.5),残差值较大;EMD−ARI 模型的残差值范围为区间(−1.0,1.1),相较 ARI 模型,残差值有所减小;EEMD−ARI 模型的残差值范围为区间(−0.5,0.5),残差值明显小于 ARI 模型、EMD-ARI 模型的残差值,表明 EEMD-ARI 模型的拟合值优于 ARI 模型和 EMD-ARI 模型,三模型的拟合效果为 EEMD-ARI 模型优于 EMD-ARI 模型,EMD-ARI 模型优于 ARI 模型。

(六)模拟软件的功能界面及程序开发

基于 SAS 软件平台,进行汾河水库左坝岸渗流预警模型程序语言的开发,建立 ARI 模型、EMD-ARI 模型和 EEMD-ARI 模型。其中,EMD-ARI 模型为基于 EMD 分解下综合运用 Gauss-Newton 算法与时间序列分析方法所建立的重构模型,EEMD-ARI 模型建立过程同 EMD-ARI 模型。

1. SAS 软件操作界面

点击计算机开始按钮"　",在弹出的菜单栏中点击软件图标"　SAS 9.2"进入软件操作界面,SAS 9.2 软件操作界面如图 4-40 所示。

图 4-40　SAS 9.2 软件操作界面

2. ARI 模型程序开发

对汾河水库左坝岸渗流序列进行时序分析建立 ARI 模型,ARI 模型的程序语言开发界面如图 4-41 所示。

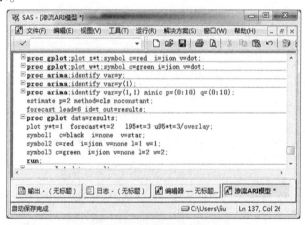

图 4-41　ARI 模型程序语言开发界面

3. ARI 模型输出窗口

ARI 模型程序运行结果的输出界面如图 4-42 所示。

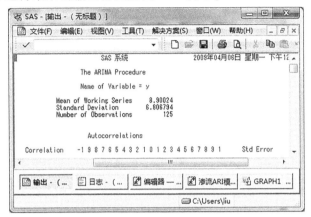

图 4-42　ARI 模型输出界面

4. EMD-ARI 模型程序开发

对汾河水库左坝岸渗流序列进行时序分析建立 EMD-ARI 模型, EMD-ARI 模型的程序语言开发界面如图 4-43 所示。

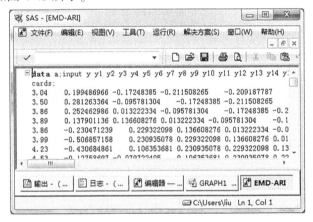

图 4-43　EMD-ARI 模型程序语言开发界面

5. EMD-ARI 模型输出窗口

EMD-ARI 模型程序运行结果的输出界面如图 4-44 所示。

6. EEMD-ARI 模型程序开发

对汾河水库左坝岸渗流序列进行时序分析建立 EEMD-ARI 模型, EEMD-ARI 模型的程序语言开发界面如图 4-45 所示。

7. EEMD-ARI 模型输出窗口

EEMD-ARI 模型程序运行结果的输出界面如图 4-46 所示。

(七)小结

本节对汾河水库左坝岸渗流量序列建立了 ARI 模型、EMD-ARI 模型和 EEMD-ARI

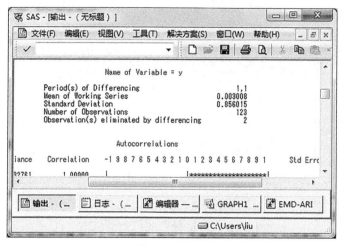

图 4-44　EMD–ARI 模型输出界面

图 4-45　EEMD–ARI 模型程序语言开发界面

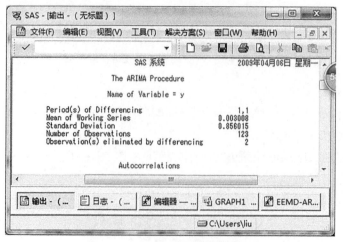

图 4-46　EEMD–ARI 模型输出界面

模型,给出了这三种模型的模型结构。ARI 模型、EMD-ARI 模型和 EEMD-ARI 模型均对汾河水库左坝岸渗流量进行了 6 步预测,给出了各模型的预报值与拟合结果图。采用相对误差(RE)、残差平方和(SSE)、拟合优度(R^2)、平均绝对百分比误差($MAPE$)四个指标对 ARI 模型、EMD-ARI 模型和 EEMD-ARI 模型的拟合效果与预报精度进行评价,结果表明 EEMD-ARI 模型的预测效果优于 EMD-ARI 模型,EMD-ARI 模型优于 ARI 模型。进一步绘出各模型的残差散点图进行比较分析,同样得出 EEMD-ARI 模型的拟合效果优于 EMD-ARI 模型,EMD-ARI 模型优于 ARI 模型的结论。

第四节 汾河水库土石坝渗流渗压自动化监测系统的设计

汾河水库渗流及渗压主要观测项目有孔隙水压力、坝基渗压和坝体浸润线、坝体渗流量和下游水位等。原设计浸润线共计 53 个观测孔位,主坝 39 个、左坝 8 个、右坝 6 个;左坝基渗压 41 个观测孔位,主坝 5 个、左坝 20 个、右坝 16 个,孔隙水压力观测孔都在主坝总计 35 个。本节将依据国内外目前大坝自动化监测系统的发展,对汾河水库渗流及渗压监测自动化系统进行初步的设计和探讨,以期推动汾河水库渗流及渗压监测自动化系统的实施。

一、安全监测

(一)范围

主要工作内容为汾河水库大坝工程非溢流坝段、闸坝段、溢流堰坝段、副坝等需要监测的主要建筑物上布置的永久性监测仪器(设备),自动化监测系统配置、安全监测、监测资料的整编分析等。安全监测自动化系统形成后,以自动化采集为主,人工监测为辅。

(二)监测项目

汾河水库工程属于大型工程,大坝、泄水建筑物、挡墙为水工建筑物。依据《混凝土大坝安全监测技术规范》(DL/T 5178—2003)的要求,本监测项目主要包括有孔隙水压力、坝基渗压和坝体浸润线、坝体渗流量和上下游水位等。

二、大坝监测系统布置及监测方法

(一)坝基扬压力监测

为了对坝基扬压力进行全面监测,设 1 个纵向监测断面、2 个横向监测断面。

(1)纵向监测断面在主副坝每个坝段各设一个测点,埋设测压管,测压管深入基岩 1 m。

(2)横向监测断面在建基面附近设一条扬压力监测廊道,设 5 个测点。第一个测点布置在坝基础的上游,埋设测压管,监测淤沙对渗流的影响;第二个测点布置在排水幕线上,第三、四、五个测点布置在下游,埋设测压管,监测坝基扬压力。

(3)在溢流堰坝段下游消力池基础内(排水孔上游侧),埋设一只渗压计,监测消力池基础的扬压力。

扬压力的自动化监测采用振弦式渗压计进行。

(二) 坝体、坝基渗流量监测

(1) 坝体、坝基渗漏量。在上游排水沟中, 分段布置量水堰, 监测坝体漏水量和坝基排水孔渗漏水量。主坝设 1 只量水堰, 副坝设 2 只量水堰。

(2) 主坝及副坝各设置了一个集水井, 在每个集水井入口处各布置 1 只量水堰, 监测坝体、坝基的总渗漏量。

(三) 绕坝渗流量监测

根据大坝与两岸连接的轮廓线, 在主坝左岸上、下游岸坡布置 3 排测压孔, 每排 3 个测孔, 副坝右岸与公路和山体相连接, 不再布置绕坝渗流孔。测孔的布置以能绘出绕坝渗流线为原则, 测孔总数为 9 个, 采用振弦式渗压计进行自动化监测。

(四) 水文监测

(1) 上下游水位监测。在下闸蓄水前, 布设上、下游水位测点。在坝上游及坝下游各布置水位计井一处, 通过电测水位计进行上、下游水位监测。

(2) 气温监测。在管理区内设置一个气温监测站, 采用温、湿度计监测库区的大气温度。

(3) 降水量监测。在管理区内设置一个雨量站, 采用翻斗式雨量计量测降水量。

三、测压管设计

(一) 测压管管线布设

1. 测压管管线布设要求

根据《土石坝安全监测技术规范》(SL 551—2012) 所规定的标准, 大坝渗流监测的内容有渗流压力、渗流量、水质分析及与压力有关的孔隙水压力监测。在对已经建好的大坝工程进行有关渗流项目的改造时应避免渗流所带来的危害影响, 有关不易在完工后进行的工程措施, 应在施工期完成。

2. 部分汾河水库测压管管线布设情况

根据《土石坝安全监测技术规范》(SL 551—2012) 中规定的关于大坝渗流压力观测断面选择和测点布置的相关要求, 结合原测压管位置附近进行布设, 原测压管经过修复整定后测值作为补充布设。具体改进布设如下:

1) 主坝安全监测

在主坝 0+140.00 m、0+190.00 m、0+240.00 m、0+290.00 m、0+340.00 m、0+390.00 m、0+440.00 m、0+490.00 m、0+540.00 m、0+580.00 m 等 11 个断面下游布设坝体和坝基渗流监测点, 共设 112 支。截取部分主坝渗流监测测点布置情况, 见表 4-10。

2) 副坝安全监测

在左副坝设有 4 个断面, 右副坝设有 3 个断面, 每个断面各设 6 支渗压计, 共计 42 支。截取部分副坝渗流监测测点的详细布置情况, 见表 4-11。

表 4-10　主坝坝体坝基渗流监测测点布置

桩号	测点编号	位置	安装高程(m)	钻孔深度(m)	说明
0+140.00	p1	上游坝坡一级马道	1 098.00	63.0	坝体
	p2		1 075.00		坝体
	p3		1 055.00		坝基
	p4	下游侧坝顶	1 093.00	73.0	坝体
	p5		1 073.00		坝体
	p6		1 055.00		坝基
	p7	下游一级马道	1 076.00	63.0	坝体
	p8		1 055.00		坝基
	p9	下游二、三级马道中间	1 065.00	48.0	坝体
	p10		1 055.00		坝基
0+190.00	p11	上游坝坡一级马道	1 098.00	63.0	坝体
	p12		1 075.00		坝体
	p13		1 055.00		坝基
	p14	下游侧坝顶	1 093.00	73.0	坝体
	p15		1 073.00		坝体
	p16		1 055.00		坝基
	p17	下游一级马道	1 076.00	63.0	坝体
	p18		1 055.00		坝基
	p19	下游二、三级马道中间	1 065.00	48.0	坝体
	p20		1 055.00		坝基
0+240.00	p21	上游坝坡一级马道	1 098.00	63.0	坝体
	p22		1 075.00		坝体
	p23		1 055.00		坝基
	p24	下游侧坝顶	1 093.00	73.0	坝体
	p25		1 073.00		坝体
	p26		1 055.00		坝基
	p27	下游一级马道	1 076.00	63.0	坝体
	p28		1 055.00		坝基
	p29	下游二、三级马道中间	1 065.00	48.0	坝体
	p30		1 055.00		坝基
	p31	下游四级马道	1 064.00	35.0	坝体
	p32		1 050.00		坝基

表 4-11　副坝坝体坝基渗流监测测点布置

桩号	测点编号	位置	安装高程(m)	钻孔深度(m)	说明
0-30.00	LP1	坝后坡顶	1 107.00	38.00	左副坝坝体
	LP2	坝后坡顶	1 090.00		左副坝坝基
	LP3	坝后一级马道	1 103.00	31.00	左副坝坝体
	LP4	坝后一级马道	1 090.00		左副坝坝基
	LP5	坝后二级马道	1 103.00	18.00	左副坝坝体
	LP6	坝后二级马道	1 085.00		左副坝坝基
0-90.00	LP7	坝后坡顶	1 107.00	38.00	左副坝坝体
	LP8	坝后坡顶	1 090.00		左副坝坝基
	LP9	坝后一级马道	1 103.00	31.00	左副坝坝体
	LP10	坝后一级马道	1 090.00		左副坝坝基
	LP11	坝后二级马道	1 103.00	18.00	左副坝坝体
	LP12	坝后二级马道	1 085.00		左副坝坝基
0-150.00	LP13	坝后坡顶	1 107.00	38.00	左副坝坝体
	LP14	坝后坡顶	1 090.00		左副坝坝基
	LP15	坝后一级马道	1 103.00	31.00	左副坝坝体
	LP16	坝后一级马道	1 090.00		左副坝坝基
	LP17	坝后二级马道	1 103.00	18.00	左副坝坝体
	LP18	坝后二级马道	1 085.00		左副坝坝基
0-210.00	LP19	坝后坡顶	1 107.00	38.00	左副坝坝体
	LP20	坝后坡顶	1 090.00		左副坝坝基
	LP21	坝后一级马道	1 103.00	31.00	左副坝坝体
	LP22	坝后一级马道	1 090.00		左副坝坝基
	LP23	坝后二级马道	1 103.00	18.00	左副坝坝体
	LP24	坝后二级马道	1 085.00		左副坝坝基

续表 4-11

桩号	测点编号	位置	安装高程（m）	钻孔深度（m）	说明
0+650.00	RP1	坝后坡顶	1 107.00	38.00	左副坝坝体
	RP2	坝后坡顶	1 090.00		左副坝坝基
	RP3	坝后一级马道	1 103.00	31.00	左副坝坝体
	RP4	坝后一级马道	1 090.00		左副坝坝基
	RP5	坝后二级马道	1 103.00	18.00	左副坝坝体
	RP6	坝后二级马道	1 085.00		左副坝坝基
0+750.00	RP7	坝后坡顶	1 107.00	38.00	左副坝坝体
	RP8	坝后坡顶	1 090.00		左副坝坝基
	RP9	坝后一级马道	1 103.00	31.00	左副坝坝体
	RP10	坝后一级马道	1 090.00		左副坝坝基
	RP11	坝后二级马道	1 103.00	18.00	左副坝坝体
	RP12	坝后二级马道	1 085.00		左副坝坝基
0+850.00	RP13	坝后坡顶	1 107.00	38.00	左副坝坝体
	RP14	坝后坡顶	1 090.00		左副坝坝基
	RP15	坝后一级马道	1 103.00	31.00	左副坝坝体
	RP16	坝后一级马道	1 090.00		左副坝坝基
	RP17	坝后二级马道	1 103.00	18.00	左副坝坝体
	RP18	坝后二级马道	1 085.00		左副坝坝基

3）渗流量监测

在坝脚位置设量水堰 6 处。

4）绕坝渗流监测

在左右坝肩处分别设 8 处，共 16 处测点。测点布置见表 4-12。

表 4-12　绕坝渗流监测测点布置

测点编号	位置	轴距（m）	安装高程（m）	钻孔深度（m）	说明
R1	右岸	1.0	1 105.00	25.00	绕坝
R2	右岸	10.0	1 100.00	18.00	绕坝
R3	右岸	20.0	1 095.00	16.00	绕坝
R4	右岸	30.0	1 085.00	10.00	绕坝
L1	左岸	1.0	1 105.00	25.00	绕坝
L2	左岸	10.0	1 100.00	18.00	绕坝
L3	左岸	20.0	1 095.00	16.00	绕坝
L4	左岸	30.0	1 085.00	10.00	绕坝

(二)测压管工艺优化设计

1. 影响测压管运行的主要原因

大坝作为水工建筑物的主体部分,其运行年限长达数十年、上百年。测压管在检测过程中会出现阻塞、不灵敏等问题。其中有以下几个主要原因:①过滤层腐蚀,失去其透水性,并阻塞进水管段的进水孔,导致其灵敏度差;②监测设施落后,数据采集仍靠人工方式;③进口保护措施损坏破裂或者根本没有设置,导致雨水或人为注水进入测压管内;④仪器布设不合理,造成测压管被淹,量测困难。

2. 测压管工艺优化

1)测压管选材优化

测压管有两种,分别是敞开式与封闭式。前者一般用于土石坝的渗流动水压力观测,后者一般用于水闸和混凝土坝的扬压力观测。本书针对敞开式测压管结构进行优化。

一般测压管多采用镀锌钢管,众多专家提出双面镀锌钢管的想法。随着科技水平的不断发展,聚乙烯管逐渐被用来制作输水管材。现对 2 种管材进行综合比较(见表 4-13),以确定推荐管材。

表 4-13　大坝观测测压管道管材技术性能比较

项目	钢管(SP)	聚乙烯塑料材质管(PE)
单节管长(m)	8~20	12
糙率 n	0.009 3~0.011 4	0.008 5~0.010 0
输水能力	高	高
抗内压	强	强
抗地基沉陷	柔性管抗沉陷能力强	柔性管,对地基及回填要求高
抗腐性	需防腐	防腐能力卓越
接头密封	接头安装复杂,焊接较多,抗渗好	分柔性接头、刚性接头,抗渗较好
水质	食品级内衬无毒	满足水质卫生要求
快速检修	进行局部修复时间较短	替换整节管子时间较长
耐久性	一般 30 a	一般 50 a
价格	高	低

由比较可知,推荐使用聚乙烯塑料材质管。测压管首先要保证坝体与管内的渗透水能够顺畅做水交换运动,并通过仪器迅速精确反映出测压管的渗流水头,其开孔率与过滤层的工艺是重要因素。在进水管的管壁上应钻有足够数量的进水孔,在实际生产中其面积开孔率为 10%~20%,而开孔率往往与测压管进水段所在位置土的透水性等有关。因此,应针对工程具体情况,经过严谨实验确定开孔率,从而保证测压管有良好的灵敏度。

2)测压管花管部分过滤层优化处理

土工织物具有经久耐用、不易腐烂变质、造价低并且可以根据大坝坝体本身的材质确定其透水性等优点。现代工程中,土工布已成为测压管过滤层的主要材料。此次设计经过反复实验,决定采用透水性为 10^{-2} cm/s 左右的土工织物作为滤层材料,同时测压管花管外部应填充反滤层。加设隔离层的方法虽然会增加在测压管方面的施工成本与技术成本,但从实用性考虑,此方法有效增加测压管的使用寿命,减少了因换管、管阻塞而引起的不必要的人力、物力、财力的反复浪费,可让测压管稳定而持续地发挥作用,为大坝安全监测提供有效数据。测压管正视图如图 4-47 所示,测压管截面图如图 4-48 所示,图中编号含义如表 4-14 所示。

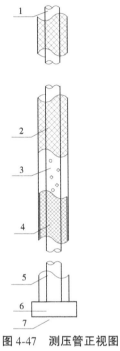

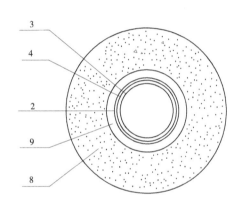

图 4-47　测压管正视图　　　　　　　　图 4-48　测压管截面图

表 4-14　测压管材料名称

编号	名称	材料	编号	名称	材料
1	导管	聚乙烯管	6	封闭地板	钢板
2	第二层过滤网	土工布	7	封底	黏土
3	花管	聚乙烯管	8	反滤料	
4	第一层过滤网	玻璃网	9	隔离层	
5	沉淀管	钢管			

(三) 测压管灵敏度试验成果分析研究

1. 代表性测压管灵敏度试验成果

代表性测压管灵敏度试验成果见表 4-15~表 4-20。

表 4-15　36 号测压管修复前灵敏度试验成果

测压管编号				36	
管口高度				1 135.133	
部位				左岸坝端	
观测项目				左岸绕渗	
注水开始时间(时:分)				06:46	
注水结束时间(时:分)				06:47	
间隔时长(min)	时			管口至水面距离（m）	管口水面高程（m）
	日	时	分		
管口至管底距离				28.67	1 106.463
注水前管水位				22.45	1 112.683
注水后管水位				0	1 135.133
注水后各时段管中水位	5	6.5 6	2	7.76	1 127.373
	10		7 2	7.78	1 127.353
	15		7 7	7.78	1 127.353
	20		7 7	7.78	1 127.353
	30		8 7	7.78	1 127.353
	60		9 7	7.78	1 127.353
	120				

表 4-16　36 号测压管修复后灵敏度试验成果

测压管编号				36	
注水开始时间(时:分)				08:47	
注水结束时间(时:分)				08:49	
间隔时长(min)	时			管口至水面距离（m）	管口水面高程（m）
	日	时	分		
管口至管底距离				30.01	1 105.123
注水前管水位				22.90	1 112.233
注水后管水位				0	1 135.133

续表 4-16

测压管编号				36	
注水后各时段管中水位	5	6.17	8	4	3.45	1 131.683
	10		9	4	6.02	1 129.113
	15		9	19	9.72	1 125.413
	20		9	39	13.43	1 121.703
	30		10	9	18.03	1 117.103
	60		11	9	21.77	1 113.363
	120		13	9	22.78	1 112.353
	120		15	9	22.87	1 112.263
	120					

表 4-17 11 号测压管修复前灵敏度试验成果

测压管编号				11	
管口高度				1 110.348	
部位				左岸黄土台地	
观测项目				坝基渗压	
注水开始时间(时:分)				14:43	
注水结束时间(时:分)				14:45	
间隔时长(min)	时间			管口至水面距离 (m)	管口水面高程 (m)
	日	时	分		
管口至管底距离				10.64	1 099.708
注水前管水位				10.05	1 100.298
注水后管水位				0	1 110.348
注水后各时段管中水位	5	6.5	14	50	0.21	1 127.373
	10		1	0	0.28	1 127.353
	15		15	15	0.32	1 127.353
	20		15	35	0.44	1 127.353
	30		16	5	0.57	1 127.353
	60		17	5	0.79	1 127.353
	120					
	120					

表 4-18　11 号测压管修复后灵敏度试验成果

测压管编号				11	
注水开始时间(时:分)				15:26	
注水结束时间(时:分)				15:27	
间隔时长(min)	时间			管口至水面距离 (m)	管口水面高程 (m)
	日	时	分		
管口至管底距离				11.40	1 098.95
注水前管水位				9.95	1 100.40
注水后管水位				0	1 110.348
注水后各时段管中水位					
5	6.16	15	38	0.11	1 110.24
10		5	8	0.59	1 109.76
15		6	3	1.85	1 108.50
20		6	3	2.81	1 107.54
30		6	3	4.81	1 105.54
60		7	3	6.33	1 104.02
120	6.17	9	3	6.87	1 103.48
120		8	1	4.81	1 105.54
120		4	7	7.36	1 102.99

表 4-19　7 号测压管修复前灵敏度试验成果

测压管编号				7	
管口高度				1 106.087	
部位				左岸黄土台地	
观测项目				坝基渗压	
注水开始时间(时:分)				09:58	
注水结束时间(时:分)				09:59	
间隔时长(min)	时间			管口至水面距离 (m)	管口水面高程 (m)
	日	时	分		
管口至管底距离				7.92	1 098.167
注水前管水位				5.67	1 100.417
注水后管水位				0	1 106.087

续表 4-19

测压管编号				7	
注水后各时段 管中水位	5	6.5	10	4	0.08	1 106.007
	10		10	14	0.15	1 105.937
	15		10	29	0.29	1 105.797
	20		10	49	0.44	1 105.647
	30		11	19	0.64	1 105.447
	60		12	19	1.02	1 105.067
	120		14	19	1.62	1 104.467
	120		16	19	2.14	1 103.947
	120	6.6	8	20	4.24	1 101.847
	120		14	43	5.64	1 100.447

表 4-20　7 号测压管修复后灵敏度试验成果

测压管编号				7	
注水开始时间（时:分）				16:15	
注水结束时间（时:分）				16:16	
间隔时长（min）		时间		管口至水面距离 （m）	管口水面高程 （m）
		日	时	分		
管口至管底距离				8.01	1 098.077
注水前管水位				5.21	1 100.877
注水后管水位				0	1 106.087
注水后各时段 管中水位	5	6.15	16	21	0.38	1 105.707
	10		16	31	0.41	1 105.677
	15		16	46	0.52	1 105.567
	20		17	06	0.68	1 105.407
	30		17	36	0.78	1 105.307
	60		18	36	1.12	1 104.967
	120		20	36	1.62	1 104.467
	120		22	26	2.00	1 104.087
	120	6.16	15	16	4.11	1 101.977

2. 测压管修复前后数据分析对比

根据测压管灵敏度试验成果表 4-15 与表 4-16、表 4-17 与表 4-18、表 4-19 与表 4-20 对比可以看出在汾河水库测压管修复换新完成后，经过仔细洗管除污并完成注水试验。比较测压管修复前后注水试验报告可以看出修复前测压管 36 号在注水后管中水位基本没有变化，应为已经阻塞的状态；11 号管在注水后的不同时间点均有水位变化情况出现，但是效果不明显，是测压管失去其应有的敏感度；7 号测压管在试水试验中表现良好，应为正常可用的测压管，对其进行了正常的清理维护。经注水试验后可以看出水面有下降现象，并且在所选取的短时间段内，水面位置有较大的差异，这表明新测压管不阻塞并且有较好的灵敏度，具有很高的实用价值，对于大坝的安全监测有不错的效果。

(四)测压管防护措施

为延长观测仪器设备的使用年限和保证观测资料的准确性，必须对观测仪器设备进行定期检查和经常性的养护修理，对观测仪器应妥加保管，定期检查和率定。对测压管进行检查的主要内容为定期检查测压管进水段内是否有淤积物，管身是否被人投物堵塞或腐烂并做注水试验；定期检查测压管管口是否封闭，或附近有无漏水现象；管口高程应每年测定一次，管口保护设备损坏后应及时修复，并对测压管管口保护设施进行改造，有效起到防雨作用；若测压管因布设不合理导致被淹没，应另选点换管；测压管内有淤积物，其外因不外乎管外滤层级配不良和进水段外包铜丝布及棕皮腐烂这两种，除此之外，也可能是测压管本身管身腐烂所致。若取样查明，确系坝料土进入测压管内的，则应将原管废去不用，另埋新管。

四、监测仪器

原型监测采用的全部监测仪器设备生产厂家都具有生产该类型仪器设备的产品生产许可证、计量许可证。所用的各类监测仪器和设备的性能基本适应本工程的环境条件，且运行可靠、稳定性好、精度满足设计要求。选用的各类监测仪器设备基本满足汾河水库大坝观测规定的最低性能指标。

大坝监测所涉及的主要监测仪器及设施有：①电测水位计；②水尺；③渗压计；④量水堰；⑤量水堰渗流量仪；⑥测压管；⑦自记温、湿度计；⑧雨量计；⑨数据采集单元；⑩便携式读数仪；⑪电缆；⑫集线箱；⑬数码照相机；⑭监测自动化系统（硬件系统）；⑮监测自动化系统（软件系统）；⑯备品备件。

(一)渗压计

渗压计埋设在基岩面、内置于坝基扬压力测压管和绕坝渗流测压管内，测量渗透压力或管内水位，采用振弦式传感器，量程 0~0.35 MPa，分辨率 0.025 %F. S，精度±0.1% F. S，工作温度-35~50 ℃。

(二)量水堰

量水堰主要量测坝体、坝基渗漏水量，共 5 处，在原有钢制直角三角形量水堰板的基础上进行改造。

钢制直角三角形量水堰板，规格 400 mm×250 mm×5 mm，量程：0~4.427 L/s，坎高：10 cm，堰上最高水头：10 cm。装设自动化监测测流设备。

(三)量水堰渗流量仪

用于配合量水堰测量排水沟中的渗流水量。量程≥200 mm，精度≤0.2%F. S，长期稳定性≤0.1%F.S/a,工作温度:0~50 ℃,湿度 100%。

(四)测压管

测压管用来观测绕坝渗流、坝基扬压力及地下水水位变化。坝基扬压力测压管采用DN50 镀锌管加工,在进水段管子上钻若干 5~6 mm 的进水孔,外包针织无纺布。其他测压管用外径 63 mm、壁厚 4 mm 的硬聚氯乙烯塑料管,在进水段管子上钻若干 5~6 mm 的进水孔,外包针织无纺布。每个测压管顶部安装管口保护装置一套。

(五)压力表

用于坝基扬压力人工观测。量程 0.35 ~0.5 MPa,0.4 级。

(六)自计温、湿度计

在坝顶或管理区布置自记温湿度计。量程:温度-35~60 ℃,湿度 0~100%;分辨率:温度 0.1 ℃,湿度 1%;测量精度:温度±0.1 ℃,湿度±2%。

(七)雨量计

环境温度:0~70 ℃;示值误差:一次性降雨量在<10 mm 时,≤±0.2 mm,一次性降雨量在>10 mm 时,≤±2%;降雨强度范围:0.1~5 mm/min;电压:DC 6~24 V。

(八)数据采集单元

自动化系统数据采集单元具有自动集测、信号处理、控制和通信功能。主要功能和技术指标如下:

(1)能够联接、集测上述各类传感器,包括振弦式、差动电阻式等类型;具有掉电自保护功能,具有对处理器、存储器、电源、测量电路、时钟、接口、传感器线路进行自诊断功能。工作电压:AC220V±10%或电池供电配 12V 7AH 电池,断电情况下可工作 24 h 以上。

(3)采用智能化模块结构,具有内防潮功能;可进行蓄电池电压及机箱内工作温度测量。

(4)定时自动采集和实时采集功能,独立 CPU、内存、时钟功能,具备 RS485/CANbus 网络接口。

(5)测控单元、电源系统、通信系统、传感器线路均设有效的防雷设施;工作温度 -35~50 ℃;每台测控单元备有 20%模块安装空间余量。

(6)观测时间:每通道不超过 3 s;数据存储容量:不低于 40 测次。

(九)振弦式采集模块

测量范围:频率 400~4 500 Hz(单线圈仪器),温度 -50~150 ℃(半导体温度计);

测量精度:频率 0.05%F.S,温度 ±0.1 ℃,±0.3 ℃,±0.5 ℃;

分辨率:频率 0.25 μs/255,温度 0.1 ℃,0.05 ℃。

(十)差动电阻式采集模块

测量范围:电阻比 0.800 0~1.250 0,电阻　0~120.00 Ω;

测量精度:电阻比≤±0.01%,电阻 ≤±0.01 Ω;

分辨率(A/D):18 位。

(十一)标准数字量采集模块

测量范围:与智能传感器同测量范围;

测量精度:与智能传感器同精度;

测量通道数:1~64 通道。

(十二)便携式振弦读数仪

便携式振弦读数仪为人工测读仪表,要求具有测读、存储、通信等功能。要求技术指标如下:

(1)激发范围:400~6 000 Hz;温度测量范围:-50~150 ℃,精度 0.5%~1.0%FSR。

(2)适用温度范围:-35~50 ℃;读数存储:2 000 数组。

钢尺:有效长度 1 m,技术指标:分米分划最大刻度误差≤±0.1 mm,米间隔长度误差≤±0.15 mm,刻度误差≤±0.2 mm,基辅差 4.5 mm±0.05 mm,热膨胀率 $2\times10^{-6}/℃$,水准器格值 201/2 mm。

电缆:根据不同的仪器配置。振弦式仪器采用三芯、四芯、七芯等屏蔽水工观测电缆;自动化测量单元之间通信采用屏蔽双绞线。其余采用相应配套专用观测电缆。芯线为镀锡铜线,芯线电阻差小于 2.0 Ω/100 m,高密度铜屏蔽网(80%),护套厚度大于 1.25 mm±5%,绝缘电阻大于 100 MΩ,承受外水压力 35 M 以上,工作温度-35~50 ℃。

集线箱:可接入振弦式、差动电阻式等本工程所涉及的各种类型仪器的集线箱,通道数量 20 个,每通道芯线数 5 线,环境温度-35 ~+50 ℃,绝缘电阻≥50 MΩ。

(十三)监测自动化系统(硬件系统)

(1)工作站,CPU:酷睿 E8400,2G 内存,320G 硬盘,22″液晶显示器,52 倍速刻录 DVD 光驱;管理主机,CPU:酷睿 E8400,2G 内存,320G 硬盘,22″液晶显示器,52 倍速刻录 DVD 光驱。

(2)总线工控机,CPU:酷睿 E8400,2G 内存,320G 硬盘,22″液晶显示器,52 倍速刻录 DVD 光驱。

(3)UPS 稳压设备;打印、输出设备,采用 HP5100 激光打印机、HP6100C 扫描仪。

(十四)监测自动化系统(软件系统)

采用开放型分布式大坝安全监测自动化数据采集系统。要求考核指标如下:

(1)系统平均无故障时间:500 天;在缺陷责任期内系统故障不超过 5 次。

(2)系统测量设备单独集中配电,并有备用电源,断电后全系统应能工作 3 天以上。

(3)系统应有可靠的防雷措施,系统中不可更换的仪器、设备(渗压计等)完好率不低于 95%。

(4)系统中可更换的仪器、设备(数据采集单元、便携式读数仪、精密水准仪等)完好率 100%;可更换传感器(表面安装的仪器)故障率不高于 5%。

自动化数据采集系统管理软件要求在 Windows 2000/XP 下运行,系统应采用开放性设计,使系统能方便地与不同的数据库进行连接,并具有高可靠性、通用性和先进性。自动化系统具有在线监控及数据采集、数据管理分析、远程控制及通信、系统故障自检等功能。可以在"无人值守"状态下实现对接入自动化系统的全部观测仪器的定期自动数据采集;能对采集的观测数据进行物理量计算,自动检验、判断,对正确的观测数据进行分类管理,存入相应数据库,对异常的观测数据能进行自动检错、纠错处理,对确认异常的仪器进行自动报警;可实现对观测数据的相关模型分析;可以方便地实现对数据的检查、计算,数据和运行日志的存储、备份、查询、检索、修改、打印、绘图、制表、各种数学模型分析,日报、年报自动生成,工程资料管理等功能;可以对文档进行管理,主要包括对设计、施工、运行的文件、图纸、报告及有关的图文资料的管理;可以对相关测点的观测数据进行测值分布图分析,提供大坝安全运行的趋势。

该系统的全部操作应在视窗中文菜单的提示下以交互方式进行,操作简易直观。

根据汾河水库工程的实际情况和监测需要,配置备品备件的应有仪器,设备编号及相应的技术性能指标完整。

五、资料整理分析

(1)观测之后首先检查观测记录的准确性、真实性,包括环境量和说明,建立观测数据库,并用磁盘或光盘备份保存;采用计算机和大坝观测的数据处理方法,对观测数据进行误差处理,去除粗差,修正系统误差,使观测资料尽量接近真实。

(2)将观测资料换算出各类物理量,打印表格、绘制物理量过程线及相关线等,简单分析各物理量的变化规律,以及与周围环境量的相关性和发展趋势,可写出文字说明。

(3)定期对观测资料进行简单分析,每月发布分析简报。内容包括各类物理量和环境量的过程线、相关线,分析物理量随时间和空间的变化规律、与环境量的关系,以及各物理量之间的关系,对工程的工作状态和变化趋势做出简单的评价。发现工程异常随时提供警报,以便及时采取有效措施。

一个年度监测工程完成后,对观测资料进行一次较全面的分析、评价,包括对监测仪器系统的运行状态进行评价,并编写详细的分析报告,包括6部分:①工程概况;②监测布置;③资料整理分析方法;④分析成果;⑤工程安全评价;⑥结论。

六、大坝监测结构

大坝监测结构如图4-49所示。

七、大坝安全监测管理软件系统

汾河大坝安全监测管理系统软件适用于开放系统环境,系统软件为多窗口操作,界面汉化、友善,操作简便,安全性好,可扩充性强,并符合有关技术规范的要求。系统功能如下。

(一) 系统管理的功能及内容

1. 系统安全管理

具有系统设置权限的用户可以填加和删除系统用户,给不同的用户设置不同的权限,不同的用户以自己的口令和密码登录系统后有不同安全级别的操作权限。

2. 系统文件管理

该功能可以将有关系统的信息全部备份下来。系统信息包括测点属性、系统中使用的仪器、测点监测项目、安装位置、仪器生产厂家、测点物理量转换算法及参数、输出模板设置等信息。

3. 数据库管理

数据库管理提供对数据的备份、还原以及远程复制。将任意时间段的数据备份出来,

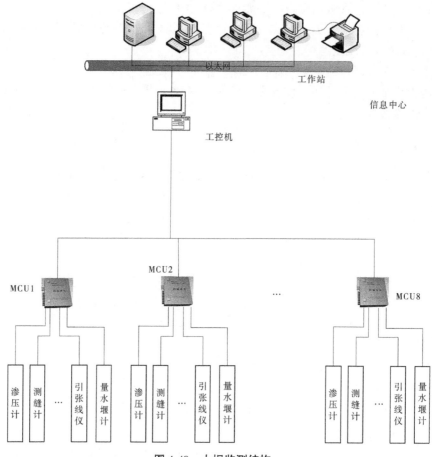

图 4-49　大坝监测结构

在系统需要时还原进系统(例如恢复系统、数据软盘传递等情况)。

4.远程控制

系统可通过通信系统对 MCU 进行远程控制。

5.系统日志与警报

系统设有日志,记录所有进入系统进行操作用户的登录和退出信息,对于重要的操作如数据删除、系统配置、报表生成发布等一一记录,以便查证。

(二)监测信息管理的功能及内容

1.工程安全文档管理

工程安全的文档包括文字资料和工程图按工程安全注册要求建立,除作为档案保存外,可便于进行资料分析和工程评审时调阅。其主页设计可以修改、增加文档,用客户端可以方便地浏览或打印输出文档。

2.测点管理

工程安全监测系统中各种监测项目中接入自动化系统监测仪器的所有测点以及未接入自动化的测点均为管理对象。测点属性是指该测点的所有特征数据包括测点点号(自动监测系统中的专用编号)、测点设计代号、仪器类型、仪器名称、测值类型、监测项目、安装位置、仪器生产厂家等。

系统具有可扩充性,当增加监测项目或测点时,管理人员可以比较方便地完成项目或增加测点,而不需要重新开发软件或数据库。对于废弃的项目或测点,系统同样可以删除或存档备份。

3. 监测资料入库

(1)自动化监测数据自动入库。监测资料入库子模块具有自动识别功能,系统依照数据采集频率设置的间隔时间和采集次数的规定,进行观测数据的自动采集入库。自动数据采集的处理过程中,对采集到的观测数据进行简单的数据可靠性检查,发现明显的数据错误,可以发出技术报警信息,并要求系统进行重测。

(2)人工观测数据、巡视检查和测点特性资料录入。设有人工录入数据窗口,将部分未进入自动化系统的监测资料、自动故障时的人工观测数据以及巡视检查和测点特性资料能方便地进入原始数据库,统一管理。

4. 监测资料的整理与初步检查

监测资料的整理、整编模块能将采集到的监测数据(包括人工输入的数据)换算成具有意义的监测物理量。应对各监测点的仪器计算公式、计算参数和基准值编入程序,并能自动转换,整编后自动进入数据库中。

5. 巡视检查信息管理

每次巡视检查获得的信息可用人工输入,便于资料分析和工程安全评定时查询和输出历史巡查记录。

(三)数据分析的功能及内容

数据分析的主要目的是对数据做进一步的分析处理,通过调用相应的数据库,并选用相应的方法和模型,以建筑物为单位,进行异常测值检测、测量因素分析、物理成因分析、综合分析评判,进而实现系统的辅助决策功能。

1. 图形分析

图形分析模块可绘制满足管理及分析需要的各类图形及表格,包括多个物理量的综合过程线图、相关图(包络图)、分布图等。

综合过程线可按同一时间坐标轴同时绘制多个物理量坐标(最多可为3个),以便对监测量变化过程进行综合比较分析;可以按时段坐标缩放功能,可显示所选测时的具体数值,以便于对不同测点进行增量比较分析;可调用与时间过程分析有关的功能,如对当前显示测点测值的特征量进行统计回归分析等。

相关图(包络图)可绘制出任意两个监测量之间的相关关系曲线,以适应分析过程中可能出现的各种需要;相关图的时段可以任意选取,当监测量测不对应时,可进行插值处理;相关图中的任意点可显示具体数据,包括测时、相关物理量的测值等,以便于对离群点进行检查;可调用相关分析功能,包括简单相关分析、多项式相关分析等。

分布图可绘制以某一工程剖面或平面为背景的一维、二维分布图、如建筑物位移场图、渗压等势线图等。从分布图中可绘制多个测时的分布曲线,以利于比较分析;可通过鼠标操作显示具体测点的测值及相应环境量;可显示具体测点的过程线,以便于操作人员的综合分析。这些图形除满足"符合工程习惯、图面整洁美观"的基本要求外,还具有以下功能以供分析使用:可显示某一测点(分析物理量)某一测时的具体测值,并可对粗差或离群点进行处理;具有分析功能,例如对于过程线图的任一测点、任一时段可以进行统计模型分析,相关图中的两个相关量可进行简单或多项式分析相关分析等。

2. 监控模型分析

对监测信息的定量分析以单点统计模型为主。统计模型可输出回归结果、回归分析时段内各分量变幅统计,以及各物理量(测值、计算值、各分量值、残差)过程线图等;统计模型具有回归结果的检查功能,包括对剩余量的检查、共线性检查等方面的内容。系统提供建立多测点统计模型(一维、二维分布模型)的模块,对沿空间某一方向或平面的两个方向设置多个测点的主要观测项目(以位移为主),都可进行分布模型分析。

(四)综合查询的功能及内容

1. 工程安全文档查询

可以方便地浏览或打印输出按工程安全注册要求建立的包括文字资料和工程图的文档。

2. 项目仪器测点信息查询

所有监测项目、仪器、测点按树形目录组织并辅之以模糊查询,可以方便地浏览、查询仪器测点以及有关的静态信息(如生产厂家、安装埋设信息、整编换算公式等)。

3. 监控模型查询

测点均按"监测项目→仪器→测点"树形目录组织并辅之以模糊查询。树形目录结构有方便的拖曳功能,可以选单个或多个或全部测点。可以方便地浏览、查询或打印有关测点已建的各类监控模型的详细信息。

4. 特征值查询

测点均按"监测项目→仪器→测点"树形目录组织并辅之以模糊查询。树形目录结构有方便的拖曳功能,可以选单个或多个或全部测点。可以方便地浏览、查询或打印有关测点的特征值如历史最大值、历史最小值及发生的时间等。

5. 综合分析结果查询

可以方便地浏览、查询或打印综合分析结果,包括综合评价结论以及综合过程线等图形。

6. 观测资料查询

测点均按"监测项目→仪器→测点"树形目录组织并辅之以模糊查询。树形目录结构有方便的拖曳功能,可以选单个或多个或全部测点;数据系列输出时段可以任意设定;可以定义一定的过滤条件;可以以"表格式"或"综合过程线"形式显示选定测点选定时段的数据。

输出图表的数据窗口有以下特点和功能:在图形输出时,鼠标在图形中移动时,在状态中动态显示鼠标所在点的数据值和时间,为观察数据提供了方便;在表格输出时,可以在线修改、删除数据(登录的用户必须有修改数据的权限才可以使用该功能),所有的表格和图形可打印输出。

(五)监测报表的功能及内容

此模块可将工程监测资料按规定的格式进行整编,以方便存档及上报。具体内容可在工程实际安装调试过程中按甲方要求进行增加或修改,以达方便、实用为准。可按工程技术人员管理方便制作多种报表格式的模板,一般工作人员只须选择不同的模板,即可显示或打印所需报表,并可调整图幅大小、线体粗细、颜色等,随意地修改其版面。

日报:主要监测物理量测值及监测综合评判结果。

月报:各监测物理量统计表、特征值统计表,主要监测物理量过程线、相关线、分布图,监测资料初分析报告等。

年报:各监测物理量统计表、特征值统计表,主要监测物理量过程线、相关线、分布图,监测资料初分析报告等。

年鉴:可按规定的格式将工程监测成果进行整编、存档。包括监测物理量统计、特征值统计、各类曲线图形等。可显示、打印输出、统一页码,以方便印刷出版。

以上所有报表数据还可以转换为 Word 或 Excel 文件,为二次处理数据提供方便。

第五章　水库水质、闸门远程及视频监视系统

第一节　水库闸门远程监控系统的开发

一、系统开发的内容

本系统建设包括监控软件的开发、监控以太网的组建、现地监控单元(LCU)及其与上位机通信的设计、水位计和闸位计的选择及安装。一般来讲,取水闸闸门需监控的多少随需要而定,这里以两孔取水闸闸门需监控为开发研究对象。

二、闸门远程监控系统开发

可靠性是闸门远程控制系统最重要的性能指标,而可靠性又是出自系统的各个环节共同构成与保证的,为保证系统的高可靠性,除选用高可靠性的硬件设备外,还应采取以下措施:

(1)采取分层分布式系统结构。各现地监控单元功能独立,任务独立,在正常工作状态下处于系统的集中监控下运行,但在紧急情况或系统故障时,它又可独立运行,个别的现地监控单元故障不会对系统或其他单元构成影响。

(2)系统软件选用国际先进并应用成熟的监控软件包为开发应用软件,确保系统软件的高可靠性和安全性。

(3)系统硬件均选用工业级产品或国际最新技术产品,确保高可靠性。

(4)系统软件及硬件具有监控定时器(看门狗)的功能。

(5)对操作指令的发布规定操作权限,命令传送须经过巡回与认证,数据采集要求经过合理性判别和处理,以防误操作。

(6)因系统处于强电环境下运行,对系统的输入信号均采用光隔技术,现地监控单元采用浮空地技术;输出信号采用光隔加中间继电器隔离等保护措施,以防工业干扰和雷电的影响,减少数据出错和元器件的损坏。各现地监控单元与上位机通信媒介为光缆,从而保证传输速率和防止雷电干扰。

(7)现地监控单元内设置设备运行故障判别程序,在设备故障时进行闭锁保护,确保设备不受损坏。

(一)现地监控层

现地监控层负责把现场的水位、闸位、电压、电流等参数和闸门的状态通过通信系统传给集中控制层;同时,接收集中控制层的控制信号并加以执行。

现地监控层由多个现地控制单元(LCU)、水位计及闸位计组成。

1.现地控制单元(LCU)

现地控制单元(LCU)是闸控系统中最主要的自动化控制设备,因此要求现地控制柜任务独立、功能独立,在集控层系统故障时,仍能独立自动完成各项控制任务。各控制柜上配置闸门操作按钮及闸门状态指示,供操作员实施闸门控制并观察闸门的运行状态。

LCU具备以下功能:①自动采集闸门的开度、水位及设备运行状态;②设有操作按钮,供操作员实施闸门控制;③向上位机(闸控工作站)发送实时信息;④接收上位机操作指令,自动完成操作任务;⑤接收限位、过热等保护信息,构成硬件、软件互锁,提供设备安全保护;⑥有故障及越限报警功能,当发生故障或某一参数超过规定值时,系统发出声光报警。各套LCU通过RS485总线连接到上位机,示意图如图5-1所示。

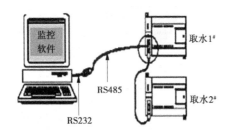

图5-1　LCU通过RS485连接到上位机示意图

2.水位计及闸位计

目前在水利信息化建设中所使用的水位传感器主要有浮子式水位传感器、压力式水位传感器、超声波式水位传感器、感应式液位传感器等。各种传感器的使用范围、性能指标等都有一定的差别。考虑到水库一般冬季要结冰,而水位传感器长期处于野外工作的特殊性,水位传感器建议选择压力式水位传感器;闸位传感器选用数字式闸门开度仪。

3.控制逻辑

现场手动控制与上位控制是完全分开的,现场手动控制逻辑比较简单,这里仅对上位控制逻辑进行说明。当选择上位控制方式时,现场手动控制不再起作用。

1)供水控制

上位机把每天供水量对应的各孔闸门的开度(这一步由上位机通过软件系统实现)分别传递给对应LCU中的PLC(可编程控制器),PLC把设定闸门开度与实际闸门开度进行比较,根据比较结果去控制闸门启闭,从而实现闭环控制。

2)泄洪控制

系统可以自动监测水库水位,当水库水位高于汛限水位时,能自动控制闸门泄洪。

当水库水位高于汛限水位时,或者根据水库调度系统的需求,系统发出报警信号提醒操作人员,上位机此时会向PLC发送一个信息,表示入库水量与水库最大泄流量的大小关系。在入库水量小于水库最大泄流量的情况下,控制闸门使入库水量与出库水量相等,保证水库水位不超过汛限水位,若入库水量不小于水库最大泄流量,则要把泄洪闸全部打开进行敞泄;或者调度系统发出泄水的指令后,自动化系统实现泄洪控制。

(二)通信

系统中心站与闸门监控站之间相距不远时,宜采用有线通信方式(通常距离小于1

km）。针对水库现场情况,建议利用水库办公楼机房到闸室的光纤以太网进行通信。

(三)集中监控层

集中控制层通过通信系统读取现场数据并下达操作命令。把采集到的数据进行处理,以报表文件的形式把需要的数据保存下来。另外,集中控制层还留有接口,便于管理层调取数据。

1.集中监控层的组成

集中控制层由 I/O 站、历史数据服务器、WEB 服务器及工作站组成。这些功能可以集中在一台工控机上,也可以由多台计算机担当。若由多台计算机分担不同的功能,则这些计算机需要由分布式以太网连接起来。水库综合自动化闸门控制系统中,集中监控层一般由多台计算机组成,包括闸房操作站、中心控制站以及数据服务器兼 WEB 服务器。

在泄洪闸室内设有一台操作员计算机集中监控取水闸和泄洪闸,同时它也是 I/O 服务器,为其他工作站提供数据。

2.监控软件设计

监控软件是集中监控层的核心部分,它不仅提供良好的人机界面,把现场数据简洁地显示出来,设有操作接口供操作人员实施闸门操作,而且软件还提供各种与外部的接口。汾河水库闸门监控软件主界面见图 5-2~图 5-6。

图 5-2　汾河水库闸门监控软件主界面(一)

建立本地历史数据库,把需要的数据(水位、闸位、流量、库容等)保存下来,同时提供比较便捷的查询接口,用户只要输入要查询的内容、时间,系统就会以数值和趋势图两种方式输出数据。

提供报警和记录功能。当某一数值超出设定的范围或设备发生故障时,现场和上位皆发出报警,上位机弹出报警框,提醒操作人员。同时发生报警的时间、内容和报警时的操作员将被记录下来。

为了便于管理,采用"一人一码"的管理方式。即每人一个密码且权限不同,只有以自己的名字和密码登录后才能进入系统。设有系统管理员级、设备检修及维护员级、值班操作员级。登录后操作员进行的一切操作被记录在系统中。

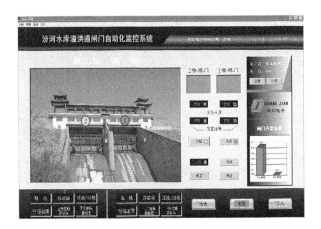

图 5-3　汾河水库闸门监控软件主界面(二)

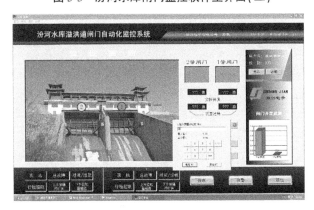

图 5-4　汾河水库闸门监控软件主界面(三)

图 5-5　汾河水库闸门监控软件主界面(四)

(四)远程遥控设计

采用 B/S 方式用户可以随时随地通过 Internet/Intranet 实现远程监控,而远程客户端可通过 IE 浏览器获得与软件系统相同的监控画面。水库局域网内部如办公室的电脑通

图 5-6　汾河水库闸门监控软件主界面(五)

过浏览器实时浏览画面,监控各种数据,与水库局域网相连的任何一台计算机均可实现相同的功能。

(五)水库调度与闸门自控的实现

闸门远程监控系统根据各水闸所承担的任务及规定的调度原则,根据系统内各项实时运行的数据,实时、合理、优化监控闸门的开启和关闭,以调节水位和过闸的流量。水闸的控制调度遵守以下原则:

(1)以大坝安全监测系统提供的数据,保证水工程安全的前提下,尽可能地综合利用水资源,充分发挥水闸的综合效益。

(2)应与上下游(闸前后)河道堤防的排、蓄水能力和防洪能力相适应。

(3)按照规定的水利任务的主次、轻重,合理优化地分配水量。

(4)必须遵守闸门启闭操作规程均匀地、对称地启闭闸门,以满足水闸工程结构的安全防护要求,延长使用寿命。

根据以上要求,闸门远程监控系统是一个以计算机为中心的信息决策处理系统,具有实时接收系统内实时水情信息、闸门运行工况以及与闸门监控有关的其他信息。根据这些实时信息和调度方案做出系统闸门实时调度运行的命令,通过数据通信向各闸门监控终端站发布调度命令并实时监控各闸门的运行情况,对突发异常情况立即给予故障处理命令,以保证系统的安全可靠和正常运行。

一般闸控中心对水库闸门的控制有以下几种方式:

(1)定流量控制。给定过闸流量,在上下游水位变化、过闸流量发生一定量的变化时,系统自动根据事先给出的方案进行闸门开度的调整,以保证过闸流量基本不变。

(2)定水位控制。给定上游或下游水位值,在水位发生一定量的变化时,系统自动根据事先给定的方案进行闸门开度的调整,以保证被控水位基本不变。

(3)群控。当水库闸门有多处时,为保证水库水位或每条供水渠的水情,闸控系统可根据调度方案进行自动群控调度。

水库担负着供水、防洪等功能。当水库水位超过汛限水位时水库开闸泄洪,系统自动判断入库流量与水库最大泄洪流量的大小关系,若入库流量小于水库最大泄洪流量,则控制泄流量与入库流量相等,维持汛限水位不变,否则系统控制闸门开到全开位置进行敞泄。

大多数情况下,水库闸门远程监控系统采用定流量控制和群控相结合的控制方式。汾河水库闸门远程监控系统结构见图 5-7(图中历史数据服务器和 WEB 服务器二者的功能集中到一台服务器上)。

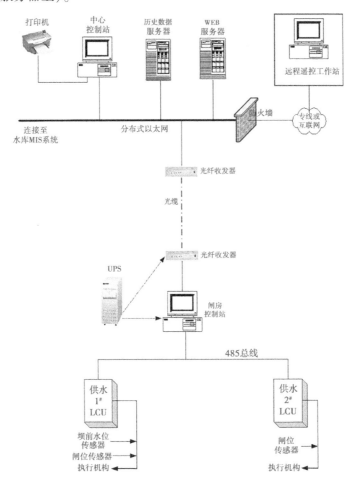

图 5-7　汾河水库闸门远程监控系统结构

第二节　水库视频监视系统

一、系统概述

汾河水库视频监视系统主要用于对汾河水库的水文情况及大坝等周边环境、进出水口、派出所、水电站及各局部的重要公共设备进行全天候 24 h 监控。建立汾河水库视频监控系统后,能提高对水库周边环境安全的实时监控,及时发现事故的隐患,预防破坏,减少事故,最大限度地保护国有资产及人民群众生命财产的安全。

二、系统构成

前端采集系统:前端采集部分是安装在现场的设备,它包括摄像机、镜头、防护罩、支架、电动云台以及云台解码器。它的任务是对被摄体进行摄像,把摄得的光信号转换成电信号。

传输系统:传输系统把现场摄像机发出的电信号传送到控制室的主控设备上,由视频线缆、控制数据电缆、线路驱动设备等组成。在前端与主控系统之间距离较远的情况下使用信号放大设备、光缆以及光传输设备等。

主控系统:把现场传来的电信号转换成图像在监视器或计算机终端设备上显示,并且把图像保存在计算机的硬盘上;同时可以对前端系统的设备进行远程控制。主控系统主要由硬盘录像机(视频控制主机)、视频控制与服务软件包组成。

网络客户端系统:计算机可以在安装特定的软件后通过局域网和广域网络访问视频监控主机,进行实时图像的浏览、录像、云台控制以及进行录像回放等操作;同时可不使用专门的客户端软件而使用浏览器连接主机进行图像的浏览、云台控制等操作。这种通过网络连接到监控主机的计算机及其软件就组成了网络客户端系统。

该视频监控系统主要包括现场图像采集部分、视频解码输出部分、视频记录部分、显示及集中控制等部分。

现场图像采集部分由摄像机及辅助设备组成,视频解码输出及视频记录部分包括视频解码器、硬盘录像机等。

该系统功能主要是完成监控中心对各个监控点的图像回传后的显示与记录,并可实现视频记录回放及集中控制等。

在水调中心二楼的监控中心设置海康威视数字硬盘录像机,可将回传的图像进行数字化的硬盘录像,并可控制前端的摄像设备及周边设备。系统网络结构图见图5-8。

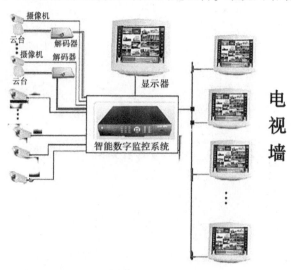

图5-8　网络结构

三、系统的主要功能

(一) 系统的基本功能

(1) 系统能自动地通过摄像机进行摄录，进行无终止监视。系统平时的工作方式为各摄像机循环扫描全面监控，监控人员可以任意放大观看任意摄像机的画面。每天不同的时段、星期几、每月的几日到几日，可以有不同的设置参数，即系统可以按时间划分不同的工作模式。系统也可以实现无人值守。

(2) 通过调整摄像机，可以清楚地看到视场中的情况，分辨出进出及移动物体。

(3) 录入的图像数字化压缩存储在计算机硬盘里，压缩比可用软件进行调整。存储的图像文件自动循环删除，硬盘中图像文件保留的时间取决于硬盘空间大小、图像分辨率、图像压缩比、扫描切换时间等，系统可以日复一日、年复一年地无休止工作。还可以根据用户需要，加大硬盘以扩展存储周期，或增加其他外存设备。

(4) 系统可以随时方便、即时地检索、回放记录存储的图像，如可按时间、地点(镜头)或图像文件进行检索和回放。回放图像稳定、清晰，可反复读写，不存在传统监控系统中所存在的录像带的信号衰减和磨损问题。

(5) 系统利用计算机强大的图像处理功能，可对采集的图像进行处理，包括画面修改、编辑、调节、放大、缩小以及打印等；也可以将图像保存为通用数据文件格式，用其他专业图像处理软件进行处理。

(6) 全数字智能监控系统有安全密码，没有权限的人员将不能对监控系统进行查询、设置系统、删除文件等操作。系统一旦遇到意外断电，可以自动恢复工作。

(7) 系统预留有报警接口，将来可以连接主动探测器或被动式紧急按钮，增加对突发事件的报警录像功能。

(8) 系统独有运动目标检测技术，可以在画面上直接用软件进行设防。

(9) 系统可以与其他计算机联网。

(10) 开机后，系统可直接进入监控状态。

(11) 计算机可以同时存储并显示来自1~18个摄像机所捕获的全部动态画面。

(12) 计算机硬盘存储图像。系统将摄像机记录的图像全自动数字压缩储存在计算机硬盘上，无终止缓冲技术使计算机硬盘自动循环记录，月复一月、年复一年，无休止地自动保留存储图像。

(13) 该系统克服了传统系统的不足，具有良好的人机界面，使操作更加简单易学，更加直观，日常维护更加容易。系统设置简单直观，可以根据时间、日期及报警输入等的具体要求，对每一个摄像机的记录情况进行设定。由于采用计算机控制，只要事先设置好，就可以实现全自动化管理、程序化运行，从根本上实现无人值守。

(二) 系统安全管理

系统具有配置管理功能，当操作人员变更或增加、删除系统中被监控的对像及调整报警系统参数时，用户均可通过应用界面改变系统配置文件来完成系统配置。

系统具有完善的操作管理功能。为保证系统安全，使用某些功能时必须输入密码，经系统确认后方可进入系统，进行操作。操作密码有不同等级，以限制不同人员的操作范围。同时,所有设备都应有操作记录,包括操作人、被操作设备、操作日期、时间等,以备系统对操作记录查询、统计、分析。

系统可根据用户需要,生成各种形式的统计资料、交接班日志。

(三) 系统可扩展功能

系统具有强大的图像远程传输、远程分控功能,可通过局域网络实现图像的远程传输及云台、镜头控制,并能实现分级分控等功能。因此,从未来发展考虑,在配置网络传输控制设备后,可实现各个水利系统视频监控的综合联网,将汾河水库的视频监控信号集中到上级部门,对全部监视点的图像进行显示和控制。

四、前端系统设计系统

(一) 前端系统组成

前端系统主要由摄像机、镜头、防护罩、电动云台与支架、云台解码器组成。摄像机与镜头安装在室外防护罩内,为保证摄像机与镜头在室外各种环境下均能够正常工作,防护罩需具有通风、加热、除霜、雨刷功能;云台为摄像机和防护罩提供安装底座,同时云台可进行水平360°电动旋转与垂直俯仰动作,以完成全方位覆盖;解码器一方面给摄像机、镜头、云台提供各自所需要的供电电源,另一方面完成与监控主机的通信,将监控主机发送的控制数据转换为云台能够识别的控制信号,驱动云台进行动作。

(二) 监视点分布

由于水库面积较大,大部分区域为水面,即使是仅覆盖全部岸边区域也需设置大量监视点才能达到全部覆盖。若要对水面进行覆盖,很多监视点需要使用焦距范围很大的特种镜头,设备投资巨大,因此水库视频监视系统只对水库管理范围内的关键点进行覆盖就可以了。

水库视频监视的关键点主要包括坝区与库区关键点。其中坝区尽量全部进行覆盖,库区根据水库库区规划选择关键点。监控点布局一般要满足如下区域进行布设:①泄洪洞闸房。监视泄洪闸闸房内部;②取水洞闸房,监视取水洞闸房内部;③泄洪洞下游,监视大坝下游区域动态;④管理所,监视点位于管理所办公楼楼顶,监视管理所周边动态;⑤坝顶,监视点位于泄洪洞房顶,监视大坝坝顶、大坝中段周边动态;⑥大坝左(右)侧,监视大坝左(右)侧及周边动态;⑦大坝上游左侧及大坝上游右侧;⑧大坝下游,监视下游周边动态。以上监视点基本涵盖了水库的各个关键区域。

(三) 前端设备设计

在水库视频监视系统中,摄像机基本上都是在室外安装,各个监视点的监视目标主要是人员的活动以及监视是否有异常物体出现,监视点的监视区域不是固定的一点,而是覆盖一定范围的一个圆形或扇形区域。基于以上因素,前端设备基本类型上可以确定为:

(1)摄像机与镜头。摄像机需具备相当的清晰度,采用电动变焦镜头、自动光圈,具备低照度拍摄功能。

(2)防护罩。室外护罩,需具备寒冷气候下的正常工作能力,尺寸根据摄像机与镜头尺寸确定。

(3)电动云台。水平360°旋转,垂直90°俯仰,与防护罩类型和尺寸配套。

云台解码器。220 V 交流供电。

五、汾河水库视频监视系统

(一) 汾河水库系统结构

汾河水库系统结构示意见图 5-9。

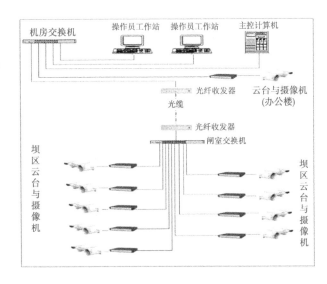

图 5-9　汾河水库系统结构示意图

(二) 主控系统的运用

主控系统的任务是实时显示前端系统拍摄的图像并进行录像,在观看实时图像的同时可控制云台、镜头动作,对历史录像进行检索回放,为网络客户端提供实时图像转播等。主控系统任务见图 5-10。

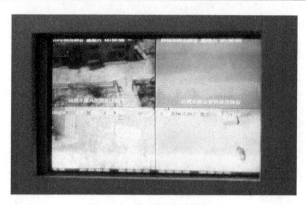

图 5-10　主控系统任务图

　　在选用数字传输方式的条件下,主控系统只需配备一台高性能 PC 机或服务器作为视频监控主机安装与前端视频编码器(网络视频服务器)相对应的视频监控软件包即可完成主控系统全部功能。

　　视频监控主机需要配备大容量硬盘以满足多路画面长时间 24 h 连续录像的存储需求。在使用 MPEG4 压缩方式时,1 路实时画面(25 帧/s)的录像文件大小约为 150 MB/H,在图像动态较小或夜间录像的情况下,录像文件大小将大大减小。若以 15 路图像 24 h 连续录像一周计算,需要的硬盘存储空间大约 350 GB,此外还需要一部分空间用于安装操作系统、应用程序以及系统文件备份。建议视频主机配备两块 SATA 接口的 240GB 硬盘,保证足够的硬盘空间。

　　视频监控系统需配备至少一台操作员工作站用于操作人员实时观看图像和控制云台、镜头动作。操作员工作站配备光盘刻录机,可将重要录像画面转储到光盘上。另外,配置等离子电视挂墙以便于直观监视库区实况。

(三)系统供电电源系统

系统供电电源系统见图 5-11。

图 5-11　系统供电电源

参 考 文 献

[1] 水力发电厂计算机监控系统设计规定:DL/T 5065—1996[S].

[2] 水力发电厂自动化设计技术规范:DL/T 5081—1997[S].

[3] 水文自动测报系统技术规范:SL 61—2003[S].

[4] 水电站综合自动化[M].北京:中国电力出版社,1998.

[5] 土石坝安全监测技术规范:SL 60—94[S].

[6] 水利水电工程施工测量规范:SL 52—93[S].

[7] 土石坝安全监测资料整编规程:SL 169—96[S].

[8] 大坝安全监测自动化技术规范:DL/T 5211—2005[S].

[9] 测绘产品质量评定标准:CH 1003—1995[S].

[10] 测绘产品检查验收规定:CH 1002—1995[S].

[11] 全球定位系统(GPS)测量规范:GB/T 18314—2001[S].

[12] 大坝安全自动监测系统设备基本技术条件:SL 268—2001[S].

[13] 水库大坝安全评价导则:SL 258—2000[S].

[14] 土石坝观测仪器系列型谱:DL/T 948—2005[S].

[15] 水文情报预报规范:SL 250—2000[S].

[16] 水文自动测报系统规范:SL 61—94[S].北京:水利电力出版社,1994.

[17] 朱华.水情自动测报系统[M].北京:水利电力出版社,1993.

[18] 周美兰,周封,王岳宇.PLC 电气控制与组态设计[M].北京:科学出版社,2003:16-21.

[19] 章文浩.可编程控制器原理及实验[M].北京:国防工业出版社,2003:108-112.

[20] 李芳.水利信息化的主要内容和技术发展[J].广东水利水电,2002(4):15-19.

[21] 邓波,蔡荣波.传统水利向现代水利、可持续发展水利转变的必由之路——水利部副部长索丽生谈水利信息化建设[J].信息化建设,2003(5):12-15.

[22] 常健生.检测与转换技术[M].北京:机械工业出版社,2000:1-5.

[23] 魏永广,刘存.现代传感器技术[M].沈阳:东北大学出版社,2001:82-89.

[24] 吴建华,康永辉,李宏艳.水情自动测报系统及 GSM 技术的应用[J].山西水利科技,2005(1):33-35.

[25] 洪水棕.现代测试技术[M].上海:上海交通大学出版社,2002:197-207.

[26] 王常力,罗安.集散型控制系统选型与应用[M].北京:清华大学出版社,1996:15-17.

[27] 黄凤辰,周文君.泄水闸门的计算机自动控制[J].测控技术,2002(9):56-58.

[28] 王运洪,李宁生.水利信息化技术应用与发展——广西水利信息系统工程[M].北京:中国水利水电出版社,2004:13-14.

[29] 王常力,廖道文.集散型控制系统的设计及应用[M].北京:清华大学出版社,1993:8-20.

[30] 陈宇.可编程控制器基础及编程技巧[M].广州:华南理工大学出版社,2002:27-33.

[31] 邓则名,邝穗芳.电器与可编程序控制器应用技术[M].北京:机械工业出版社,1996:21-50.

[32] 王建武,陈永华.水利工程信息化建设与管理[M].北京:科学出版社,2004:3-10.

[33] 吴建华,康永辉.呼和浩特市西河综合治理工程自动化监控系统[J].山西水利科技,2004:20-28.

[34] 王永华,王东云.现代电气及可编程控制技术[M].北京:北京航空航天大学出版社,2002:31-33.

[35] 李建威. 水力机械测试技术[M]. 北京:机械工业出版社, 1981:105-139.

[36] 孙传友,孙晓斌,汉泽西,等. 测控系统原理与设计[M]. 北京:北京航空航天大学出版社,2002: 279-281.

[37] 李纪人,黄诗峰. "3S"技术水利应用指南[M]. 北京:中国水利水电出版社,2003: 24-35.

[38] 盛寿麟. 电力系统远程监控原理[M]. 北京:中国电力出版社,1993:11-15.

[39] 刘忠源,徐睦书. 水电站自动化[M]. 武汉:武汉大学出版社, 2002:38-65.

[40] 谢克明,夏路易. 可编程控制器原理与程序设计[M]. 北京:电子工业出版社, 2002:25-69.

[41] 朱晓青. 过程检测控制技术与应用[M]. 北京:冶金工业出版社,2002:98-130.

[42] 刘向群. 自动控制元件(电磁类)[M]. 北京:北京航空航天大学出版社,2001:45-68.

[43] 张震宇,武洪涛,张绍峰. 数字水利环境工程应用[M]. 北京:科学出版社,2004:24-68.

[44] 刘家春,李少华,周艳坤. 泵站管理技术[M]. 北京:中国水利水电出版社,2003:205-224.

[45] John Hall. Choosing a flow monitoring device[J]. Instruments & Control Systems, 1981,54(6).

[46] Nicholas P. Cheremisinoff, Applied Fluid Flow Measurement[M]. Marcel Dekker. Inc,1979.

[47] 曾声奎,赵延弟,张建国,等. 系统可靠性设计分析教程[M]. 北京:北京航空航天大学出版社, 2001:9-22.

[48] 邹益仁,马增良,蒲维. 现场总线控制系统的设计和开发[M]. 北京:国防工业出版社, 2003:1-16.

[49] 陈宇,段鑫. 可编程控制器基础及编程技术[M]. 广州:华南理工大学出版社, 2002:11-56.

[50] Rajendran V P, Constantinescu G S. Experiments on Flow in a Model Water—pumps Intake Sump to Validate a Numerical Model[C] // (USA) ASME Fluids Engineering Divisions Summer Meeting, Washngton, 1998. 6.

[51] 殷洪义. 可编程序控制器选择设计与维护[M]. 北京:机械工业出版社, 2003:174-237.

[52] 郭波,武小悦. 系统可靠性分析[M]. 长沙:国防科技大学出版社,2002:59-69.

[53] Chang M C, Lewins J D, Parks G T. System reliability estimated variationally from Monte-Carlo simulation[C] // Proceeding of the 3th ISSAT International Conference on Reliability and Quality in Design. March. 1997:12-14.

[54] Abbott M B. Some New Concepts of Hydroinformatics Systems[J]. J. Hydraulic Reasearch,1994.

[55] 李桂芬,王连祥,李嘉. 水力学与水利信息学进展(2005)[M].北京:中国标准出版社, 2005:13-18.

[56] Nijkamp P,Scholten J J. Information systems:caveats in design and use[J]. Proceedings of the European Conrerence on GIS' 91, 1991(2):737-436.

[57] 祁文钊,霍罡.CS/CJ系列PLC原理及应用技术[M].北京:机械工业出版社, 2006:131-150.

[58] 马福恒,张希斌. 温岭市湖漫水库综合自动化系统集成方案[R].南京:南京水利科学研究院, 2006.

[59] 刘艳艳,朱群雄. 基于B/S三层结构的项目管理系统的设计[J].电脑知识与技术,2005(12):9-11.

[60] 金灿,陈绪君. NET框架中三种数据访问技术及效率比较[J].计算机应用研究,2003,20(4): 157-159.

[61] 何心望,马福恒. 大坝安全预警系统架构初探[J]. 水电自动化与大坝监测,2006,10(5):40-43.

[62] 马福恒. 病险水库大坝风险分析与预警方法[D]. 南京:河海大学,2006.

[63] 王厥谋.水文情报预报文集[M].郑州:黄河水利出版社,2000.

[64] 冷荣梅.四川省水文分区及川西水文站网规划方法建议[J]. 水文,1998(2):49-54.

[65] 张恭肃,等.关于水文自动测报系统建设中站网布设的分析论证[J]. 水文,1993(Z):13-20.

[66] 孙增义,等.水情自动测报技术基础及其应用[M].北京:中国水利水电出版社,1999.

[67] 王义忠,等.卫星通信水情遥测系统[J].遥测遥控,1998(5):31-35.

[68] 李修春. INMARSAT-C 卫星通信系统在水电站水情测报中的应用[J]. 电力系统通信,1997(1): 14-16.

[69] 杨俊青,等. 水情自动测报系统中应用的通信卫星介绍[J]. 水利水文自动化,2000(4):38-42,51.

[70] 郭生练. 水库调度综合自动化系统[M]. 武汉:武汉水利电力大学出版社,2000.

[71] 刘金清,陆建华. 国内外水文模型概论[J]. 水文,1996(4):4-8.

[72] 赵人俊. 流域水文模拟[M]. 北京:水利电力出版社,1984.

[73] 叶守泽. 水文水利计算[M]. 北京:水利电力出版社,1995.

[74] Hapuarachchi H A P, Li Zhijia, Wang Shouhui. Application of SCE-UA Method for Calibrating the Xinanjiang Watershed model[J]. Journal of Lake Sciences, 2001, 13(4):304-314.

[75] 曾新伟,等. 新安江三水源模型在柘林水库流域洪水预报中的应用[J]. 水文,1996(4):34-36.

[76] 周煦,等. 计算机数值算法及程序设计[M]. 北京:中国科学技术出版社,1997.

[77] 章坚民,孙红星. 山溪性流域滞后演算汇流模型[J]. 水文,1996(6):36-39.

[78] 李新华. 地貌单位线在浦沅区间洪水预报中的应用[J]. 湖南水利,1994(2):26-29.

[79] 王剑东. 欧阳海水库入库洪水实时预报模型与应用[J]. 中国农村水利水电,2002(2):15-18.

[80] 赵人俊. 流域水文模型的比较分析研究[J]. 水文,1989(6):1-5.

[81] 赵人俊,王佩兰. 新安江模型参数的分析[J]. 水文,1988(6).

[82] 风彬,廖劲红,等. 流域水文模型参数多目标函数优选法[J]. 水文,1999(增刊):51-55,59.

[83] 王佩兰,等. 新安江模型(三水源)参数的客观优选方法[J]. 河海大学学报,1989(4):65-69.

[84] 谭炳卿. 水文模型参数自动优选方法的比较分析[J]. 水文,1996(5):8-14.

[85] 宋星原,等. 柘溪水电站入库洪水实时预报模型研究[J]. 水文,1999(6):19-21.

[86] 长江水利委员会. 水文预报方法[M]. 2版. 北京:水利电力出版社,1979.

[87] 翟家瑞. 马斯京根法几种不同应用形式浅析[J]. 人民黄河,1994(4):5-7.

[88] 曾伟民,等. Visual Basic 6.0 高级实用教程[M]. 北京:电子工业出版社,2000.

[89] 胡彧,闫宏印. VB 程序设计[M]. 北京:电子工业出版社,2001.

[90] 胡余忠,等. 黄山市洪水预报预警系统[J]. 水文,2000(2):45-48.

[91] 张学成,等. 黄河三小区间水情自动测报系统[J]. 水利水电技术,1998(6):1-3.

[92] 张德伟. 中小流域通用型产汇流洪水预报软件[J]. 东北水利水电,1999(2):34-36.

[93] 靳书源. 赣江流域洪水预报系统[J]. 江西水利科技,1999(1):18-24.

[94] 刘志荣. 小山水电站施工期水情自动测报系统的应用[J]. 东北水利水电,1996(3):28-31.

[95] 陈鸣. 东风发电厂水情自动测报系统中的洪水预报[J]. 贵州水力发电,1999(1):42-45.

[96] 丁维钧. 柘林水电站施工期洪水预报[J]. 江西电力,1995(3):33-38,32

[97] 陈科. 东西关水电站施工期洪水预报方案编制与反馈设计[J]. 水电站设计,1996(3):12-18.

[98] Chang F J, Hwang Y Y. A Self-organization Algorithm for Real-time Flood Forecast[J]. Hydrological processes, 1999(13):123-138.

[99] TINGSANCHALI T, GAUTAM M R. Application of Tank, NAM, ARMA and Neural Network Models to Flood Forecasting[J]. Hydrological processes, 2000(14):2473-2487.

[100] Ioannis Nalbantis. Real-time Flood Forecasting with the Use of Inadequate Data[J]. Hydrological Sciences,2000,45 (2):269-284.

[101] Xiaoliu Yang,Claude Michel. Flood Forecasting with a Watershed Model:a New Method of Parameter Updating[J]. Hydrological sciences, 2000,45(4):537-546.

[102] Natale L,Todini E. A stable Estimator for Linear Modelsl. Theoretical Development and Mote Carlo Experiments[J]. Water Resources Research,1976,12(4):667-671.

[103] O'connell P E. Real-time Hydrological Forecasting and Control[J]. Proceedings of 1st International Workshop,1977(7).

[104] A. Sezin Tokar, Peggy, A. Johnson. Rainfall – runoff modeling using artificial neural networks[J]. Journal of Hydrology Engineering, July,1999(3):123-138.

[105] Christian W. Dawson,Robert Wilby. An artificial neural network approach to rainfall-runoff modeling [J]. Hydrological Sciences Joural,2009,43(1):47-66.

[106] 王建群,等. 太湖洪水预报的前向人工神经网络全局最优逼近方法[J]. 河海大学学报,2001,29 (7):84-90.

[107] Yutaka Fukuoka, Hideo Matsuki, Haruyuki Minamitani, et al. A modified back-progagation method to avoid false local minima[J]. Neural networks, 1998(11):1059-1072.

[108] Q-MAC Electronics. HF-90 Secure Modes[EB/OL]. http://www. qmac. com/hf90_secure. html,2006-12-24.

[109] Friffith O T. Implementation of An Adaptive HF Network for the Swedish Armed Forces[C]// Proc. HF Radio Systems and Techniques'97. York, UK,July,1997:201-205.

[110] Herrick D L, Lee P K. Correlated Frequency Hopping:An Improved Approach to HF Spread Spectrum Communications[C]//Proceeding of the 1996 Tactical Communications Conference. Grand Wayne Center, Fort Wayne, Indiana, 1996:320-324.

[111] Harris. Tactical Radio communications HF, VHF, and UFH products[EB/OL]. http://www. rfcomm. harris. com/products/tactical, radio communications,2006-12-24.

[112] Baker M. Adaptive data communication techniques for HF systems[C]//IEEE MILCOM'93. Boston, USA,1993:57-61.

[113] Clarke P,Honary B. Multilevel adaptive coded modulation waveforms for HF channels[C]// Proceedings of Ninth IEE HF RadioSystemand Techniques. University of Bath, UK. 2003:240-243.

[114] Otnes R,Tuchler M. Improved receivers for digital high frequency waveforms using turbo equalization [C]// MILCOM. 2002. Disney land Resort in Anaheim,California, 2002:99-104.

[115] Wu K H,Daigle M. Performance of adaptive antennas in the presence of sky−wave multipath propagation [C]. IEEE MILCOM'98. Boston,1998:307-312.

[116] Jorgenson M B,Johnson R W,Moreland K W. The evolution of a 64 kbps HF data modem[C]//Proceedings of Eighth IEE HFRadio System and Techniques. Guildford, 2000:323-327.

[117] 佟学俭,罗涛. OFDM 移动通信技术原理与应用[M]. 北京:人民邮电大学出版社,2003.

[118] Xu Shuzheng,Zhang Hui,Yang Huazhong,et al. New considerations for high frequency communications [C]. The 5th.

[119] International Symposium on Multi−Dimensional Mobile Communications Proceedings[C]. Beijing,China ,2004:444-447.

[120] Andersson G. Performance of spread-spectrum radio techniques in an interference-limited HF environment[C]// IEEE MILCOM'95. San Diego,CA,1995:347-351.

[121] Zander J,Malmgren G. Adaptive frequency hopping in HF communications[J]. IEE Proceedings Communications, 1995, 142(2): 99-105.

[122] Coulton P,Honary B,Darnell M,et al. Application of turbo codes to HF data transmission[C]// Proc. HF Radio Systems and Techniques'97. York,UK,1997:95-99.

[123] 董小国,王红岩,韩少亭. 基于 H. 323 协议的视频会议的软件实现[J]. 现代计算机,2003(5):80-83.

[124] 李征. 视频会议系统的技术与发展[J]. 中国有线电视,2005(Z1):226-268.

后 记

水库信息化是一个跨学科、跨专业的新型研究课题,主要涉及水利、信息、控制、计算机及自动化专业领域的基础知识和应用。实现目标是利用先进实用的计算机网络技术、水情自动测报技术、自动化监控监测技术、视频监视技术、大坝安全监测技术,实现对水库工程的实时监控、监视和监测、管理,基本达到"无人值班、少人值守"的管理水平。显然只凭作者是无法完成该书写作的重任,虽然历经多年的科研和学习,但由于新技术的日益发展和应用,仍感才疏学浅,难以胜任,好在一批学有所长、志同道合的年轻学者、专家给了我们智慧和勇气,使我们完成了这项不算轻松的工作,倍感欣慰。因此,这本书从手稿到最后的成书蕴含了许多人直接或间接的努力。

在水利工程有关的勘测、设计、自动化系统开发、相关科研单位、高等院校及计算机领域的许多人士为我们提供了大量有价值的信息、经验和支持。这些人难以尽述,但我们要感谢其中的每一个人,才使本书终于与读者见面了。

作为水利工程的建设及管理工作者,我们始终坚信:凡事都要脚踏实地地去做,不弛于空想,不骛于虚声,而惟以求实求真的态度去实干,以无私无畏的精神去奉献,以超前脱俗的意识精神去创新,以严谨求精的作风去努力,才能体现效率、效果、效益的真正意义。虽倍尝辛劳,但乐此不疲,因为我们为同行提供了一方求真务实的交流阵地,为后人留下了一块不易分化的铺路基石,这种奉献是最美好的,这也是我们编写本书的期待。

最后还要感谢太原理工大学水利学院任国鑫、卜什、张丽娜、吴鑫昊、王宝贺、刘震泽、纪晨晖、胥云彬、赵沛沛、许卓臻、郭霄宵、原明泽、刘金昊、耿子健等研究生的辛勤付出,因为有了他们的陪伴才有这本书的出版,在此祝愿他们的生活、学习、工作更上一层楼。

作 者

2021 年 9 月于山西太原